FORSCHUNGSBERICHTE DES LANDES NORDRHEIN-WESTFALEN

Nr. 1581

Herausgegeben
im Auftrage des Ministerpräsidenten Dr. Franz Meyers
von Staatssekretär Professor Dr. h. c. Dr. E. h. Leo Brandt

DK 621.791.763.3 : 669—415

Prof. Dr.-Ing. habil. A. Matting
Dipl.-Ing. G. Wilkens

In Zusammenarbeit mit der Forschungsgesellschaft Blechverarbeitung e. V., Düsseldorf

Rollennahtschweißen von Feinblechen
verschiedener Beschaffenheit unter 0,5 mm
mit besonderer Berücksichtigung verzinnter Bleche

WESTDEUTSCHER VERLAG · KÖLN UND OPLADEN 1966

ISBN 978-3-663-06673-6   ISBN 978-3-663-07586-8 (eBook)
DOI 10.1007/978-3-663-07586-8

Verlags-Nr. 011581

© 1966 by Westdeutscher Verlag, Köln und Opladen

Gesamtherstellung: Westdeutscher Verlag

Inhalt

1. Einleitung 7
2. Weißblech 8
3. Probleme beim Weißblechschweißen 11
4. Schweißverfahren 14
5. Schweißversuche 19
6. Deutung des Schweißablaufs 30
7. Folgerungen 31
8. Zusammenfassung 37
9. Literaturverzeichnis 39

1. Einleitung

Bei der Herstellung von Behältern aus Schwarzblech hat die Rollennahtschweißung seit langem einen festen Platz unter den Blechverbindungsarten eingenommen. Als während des 2. Weltkrieges wegen des Zinnmangels Weißblech für Konservendosen nicht mehr zur Verfügung stand, wurden Millionen von Schwarzblechdosen mit geschweißter Längsnaht hergestellt. Seit mehreren Jahren ist die Versorgung des Marktes mit Weißblech verschiedener Zinnauflagen wieder gesichert. Aus wirtschaftlichen Gründen wird heute angestrebt, auch größere Behälter, besonders die Einweggebinde, aus dünneren Blechen als bisher zu fertigen, die zur Erhöhung der Stabilität Versteifungssicken erhalten müssen. Der durch das Sicken entstehenden zusätzlichen Beanspruchung ist die gelötete Längsnaht nur bedingt gewachsen, und es lag daher nahe, die früher beim Widerstandsschweißen von Schwarzblech gesammelten Erfahrungen für die Weißblechschweißung auszuwerten. Auch im Zuge der fortschreitenden Anwendung der Sprühdosentechnik spielt die Forderung nach höherer Festigkeit eine so überragende Rolle, daß u. U. gewisse Einbußen an Arbeitsgeschwindigkeit in Kauf genommen werden. Ein weiterer Vorteil der Widerstandsschweißung besteht gegenüber dem Löten in der Tatsache, daß kein Zusatzwerkstoff beim Herstellen der Verbindung erforderlich ist. Dagegen kann es je nach Füllgut notwendig sein, die durch das Schweißen in Mitleidenschaft gezogene Zinnauflage durch nachträgliches Lackieren oder Verzinnen zu ersetzen.

2. Weißblech

Weißblech gewährleistet durch die Elektrolyt- bzw. die Feuerverzinnung einen weitgehenden Korrosionsschutz. Die Dicke der Zinnschicht liegt in der Größenordnung von 0,4 bis 4 μm. In der Verpackungsindustrie werden bei feuerverzinnten Blechen Auflagen von 25 bis 40 g/m^2 beidseitig entsprechend den Schichtdicken von 1,71 bis 2,74 μ und bei elektrolytisch verzinnten Blechen Auflagen von 5,6 bis 22,4 g/m^2 beidseitig entsprechend den Schichtdicken von 0,39 bis 1,54 μ verwendet [1].

Beim Schmelztauchverfahren bildet sich zwischen der Stahloberfläche und der reinen Zinnschicht eine Legierungszwischenschicht aus der intermetallischen Verbindung FeSn$_2$, Abb. 1. Die zunächst sehr hohe Bildungsgeschwindigkeit von FeSn$_2$ nimmt auf Grund erschwerter Diffusion mit zunehmender Schichtdicke ab [2]. Infolge der niedrigen Verzinnungstemperatur und der kurzen Verzinnungsdauer ist die Zwischenschicht außerordentlich dünn und daher eine nachteilige Beeinflussung der mechanischen Eigenschaften des Überzugs durch die harte und spröde FeSn$_2$-Verbindung [3] kaum zu befürchten. Der Legierungszwischenschicht wird eine grundlegende Bedeutung für die Haftfestigkeit des Überzugs, die Lötbarkeit und in zunehmendem Maße auch für die Korrosionsbeständigkeit beigemessen [1, 4].

Bei der elektrolytischen Verzinnung tritt zunächst keine Legierungsbildung auf. Sie wird erst durch ein nachträgliches Aufschmelzverfahren bewirkt.

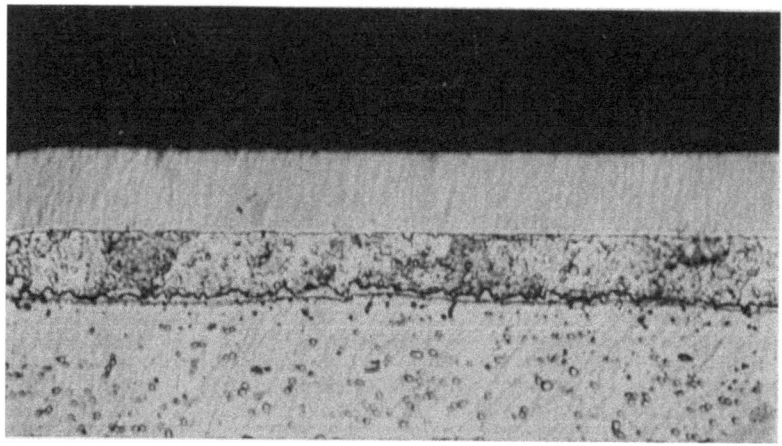

Abb. 1 Feuerverzinntes Weißblech F 45:
Zinnschicht mit Legierungszwischenschicht FeSn$_2$ 1000 : 1

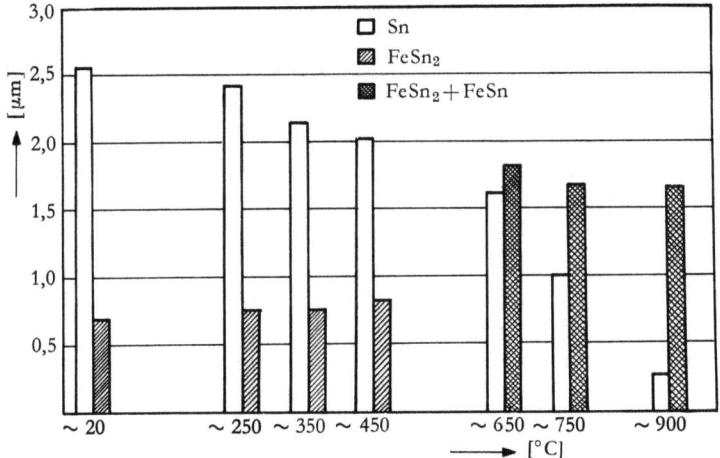

Abb. 2 Einfluß einer Wärmebehandlung auf den Aufbau einer Zinnschicht, Zinnauflage 45 g/m²

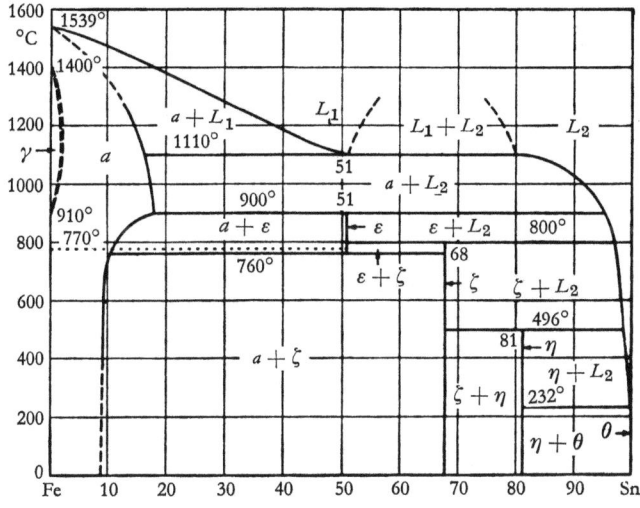

Abb. 3 Zustandsschaubild Eisen–Zinn nach Metals Handbook 1948

Die Schichtdicke des reinen Zinns und auch des legierten Zinns (FeSn$_2$) läßt sich u. a. durch das elektrolytische Ablöseverfahren nach KUNZE und WILLEY bestimmen [5]. Eigene Messungen ergaben, daß bei feuerverzinnten Blechen die Legierungszwischenschicht 17–24% der Gesamtschichtdicke betragen kann, bei elektrolytisch verzinnten Blechen dagegen 8–34%.

Eine mikroskopische Schichtdickenbestimmung an Hand von Schliffen ist nicht exakt und läßt sich in der Regel – vornehmlich bei elektrolytisch verzinnten Blechen – überhaupt nicht durchführen, weil abgesehen von der Schwierigkeit, die sehr weiche Zinnschicht nach dem Schleif- und Poliervorgang unverletzt und möglichst plan zu erhalten, die FeSn$_2$-Schicht Bruchteile von einem μ betragen kann und im Metallmikroskop nicht mehr meßbar ist.

Bei erhöhter Temperatur- und Zeiteinwirkung entstehen wesentlich stärkere FeSn$_2$-Schichten, die äußerst leicht zum Abblättern neigen [3].

Versuche haben gezeigt, daß bei kurzzeitiger Erwärmung zwischen 450 und 650°C ein deutlicher Sprung in der Dickenzunahme der Legierungszwischenschicht zu beobachten ist, Abb. 2. Mit Überschreiten der Temperatur von 496°C tritt nach dem Zustandsdiagramm [6] Fe-Sn, Abb. 3, eine zweite Eisen-Zinn-Verbindung FeSn neben FeSn$_2$ in der Zwischenschicht auf, Abb. 4 [7, 8].

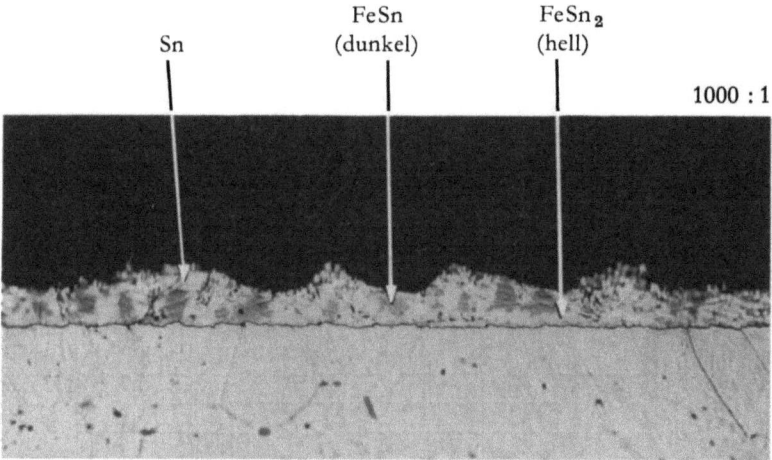

Abb. 4 Auftreten von FeSn in der FeSn$_2$-Schicht
nach kurzzeitiger Erwärmung über 496°C   1000 : 1

3. Probleme beim Weißblechschweißen

Die ersten Nahtschweißversuche an Weißblech nach herkömmlichen Verfahren zeigten bald, daß man offenbar infolge der Eigenart dieses Werkstoffs andere Schweißbedingungen ermitteln und verfeinerte Verfahren entwickeln mußte, um auch hier einwandfreie Ergebnisse zu erzielen.

Das elektrische Widerstandsschweißen zählt zu den Verfahren des Warmpreßschweißens, bei denen die Verbindung zweier Werkstücke durch gleichzeitige Druck- und Wärmebehandlung der Schweißstelle entsteht. Dabei folgt der Erwärmungsvorgang dem Jouleschen Gesetz

$$Q = 0{,}239 \cdot I^2 \cdot R \cdot t \,(\text{cal}),$$

nach dem die Wärmemenge Q entsteht, wenn ein Widerstand R für die Dauer t vom Strom I durchflossen wird. Der Widerstand R ist im Gegensatz zu den anderen Größen weitgehend unbeeinflußbar und setzt sich aus den Kontaktwiderständen zwischen den Elektroden und den Blechen, dem Kontaktwiderstand zwischen den Fügeteilen und dem Werkstoffwiderstand zusammen. Diese Einzelwiderstände bestimmen je nach ihrem Anteil am Gesamtwiderstand den Ort und die Größe der Erwärmung.

Eine vergleichende Betrachtung der elektrischen Teilwiderstände von sich überlappenden Fügeteilen aus Weißblech und Stahl läßt grundsätzliche Unterschiede erkennen und erklärt die Schwierigkeit beim Verschweißen von Weißblech, Abb. 5. Die Messungen ergeben etwa gleiche Kontaktwiderstände zwischen den Elektroden und Werkstücken sowie zwischen den Weißblechen selbst. Nach dem Jouleschen Gesetz entstehen demnach zwischen Elektroden und Blech sowie zwischen den Blechen etwa gleiche Wärmemengen. Berücksichtigt man ferner, daß der Kontaktwiderstand zwischen den Blechen infolge des Schmelzens der Zinnauflage bei Wärmeeinwirkung weiter verringert wird, während auf Grund temperaturabhängiger Oxydationserscheinungen an der Elektrodenkontaktstelle eine Widerstandserhöhung auftreten kann, so wird verständlich, daß sehr leicht Bindefehler infolge mangelnder Erwärmung der Schweißfuge oder Oberflächenverbrennungen infolge zu starker Erhitzung an der Elektrodenberührungsstelle auftreten können, sofern keine besonderen Verfahren angewandt werden. Darüber hinaus kommt es mit zunehmender Schweißdauer zu einer Legierungsbildung zwischen Zinn und Elektrodenwerkstoff, was zwangsläufig den Elektrodenverschleiß durch ständig abwechselnde Löt- und Abreißvorgänge zwischen Elektroden und Fügeteilen fördert.

Bei Stahlschweißungen liegen andere Verhältnisse vor. Abgesehen von der Tatsache, daß die gemessenen Kontaktwiderstände zwei Zehnerpotenzen höher

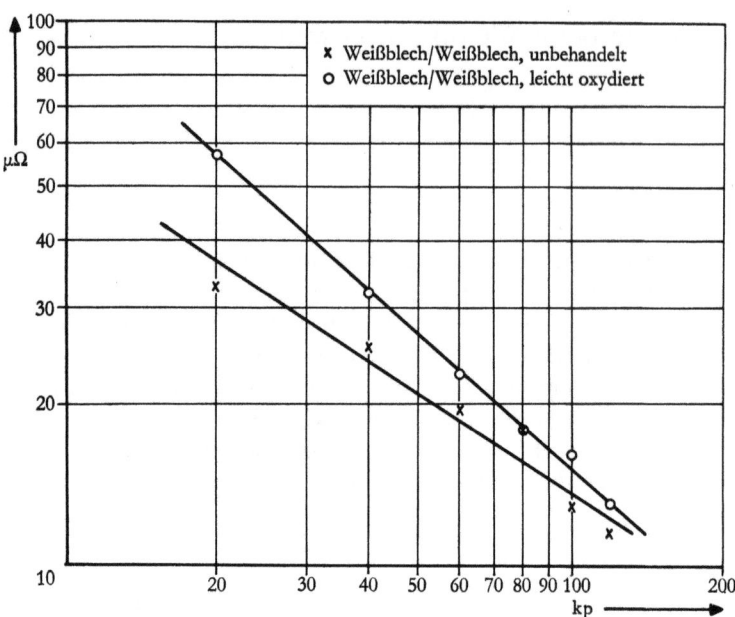

Abb. 5 Kontaktwiderstände von Weißblech

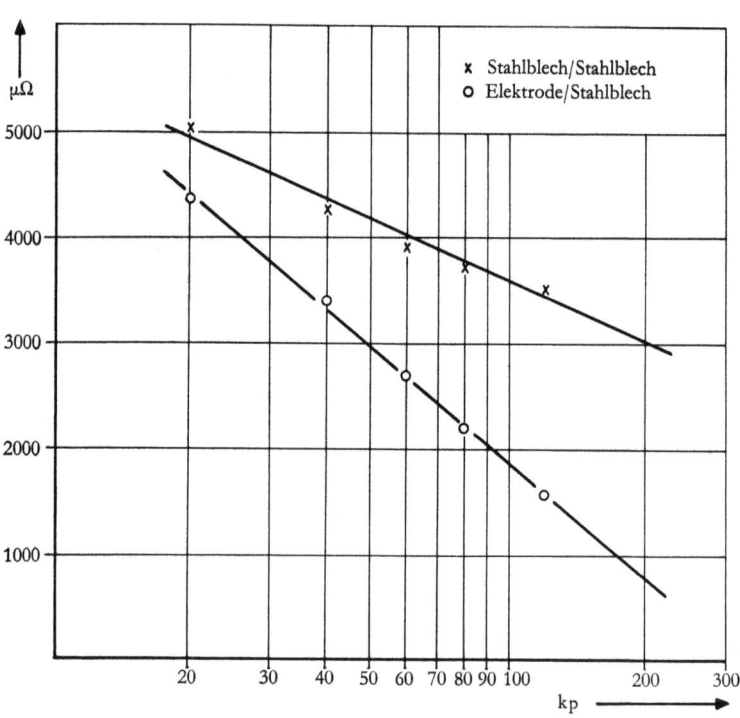

Abb. 6 Kontaktwiderstände von Stahl

liegen, Abb. 6, entsteht hier die größere Wärmemenge gemäß den ermittelten Kontaktwiderständen an der Verbindungsstelle selbst, und gravierende Veränderungen durch die Schweißhitze treten nicht ein, weil ein Überzug mit den Eigenschaften des Zinns fehlt.

4. Schweißverfahren

Inzwischen sind Methoden entwickelt worden, die das Rollennahtschweißen von Weißblech trotz der geschilderten Probleme ermöglichen. Die gebräuchlichen Arbeitsweisen lassen sich nach Abb. 7 folgendermaßen kennzeichnen:

Das erste Verfahren sieht das Schweißen über eine der Überlappungskanten vor. Nach der Patentschrift Nr. 870 822 wird »eine einwandfreie Schweißung erzielt, wenn die sich überlappenden Blechränder derart zwischen den Elektroden ge-

Verfahren	Aussehen der Schweißnaht	Überlappung [mm] (Richtwerte)
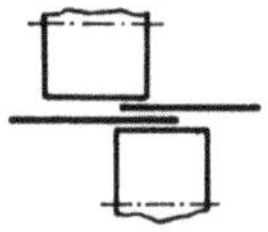		3,5
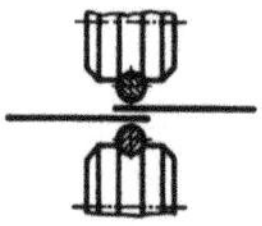	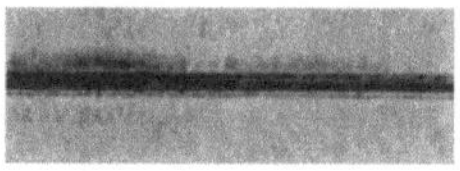	2,0
	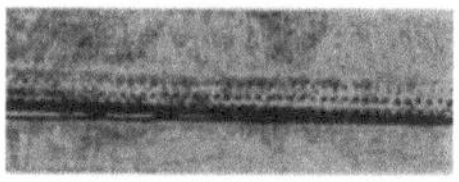	3,0
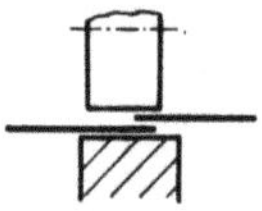		1,5
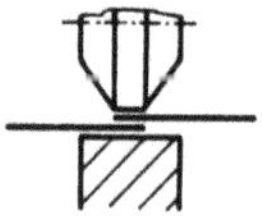	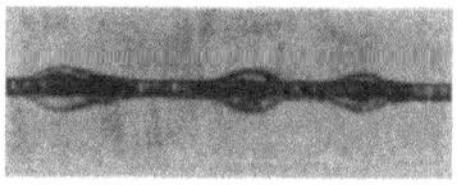	beliebig
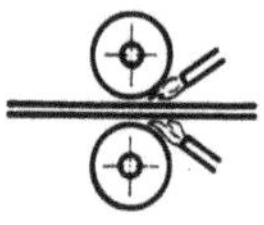	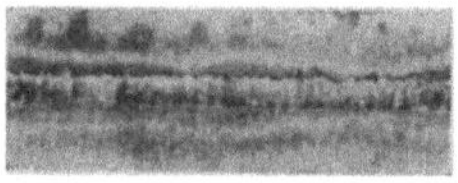	beliebig

Abb. 7 Weißblech-Schweißverfahren

führt werden, daß die Druck- bzw. Schweißzone der Elektroden an der einen Blechkante, vorzugsweise an der äußeren, beginnt und sich nun über einen Teil der Überlappungsbreite erstreckt, so daß die andere Blechkante über die Druck- bzw. Schweißzone der Elektroden vorsteht«, Abb. 7, Verfahren 1.

Die Schweißmaschine der Firma Dieckmann, Neu-Ulm, erfüllt diese Forderung. Während der elektrische Teil keine Besonderheiten aufweist, lassen sich die zur Führung der Zargenenden dienende Z-Führung und die obere Elektrode gegenüber der unteren Elektrode seitlich bewegen. Hierdurch wird das Kantenschweißen auch nach stufenförmig eintretendem Elektrodenverschleiß in der Weise ermöglicht, daß der nächstfolgende Elektrodenringabschnitt zur Schweißung ausgenutzt wird. Außer dem Vorteil, daß eine Schweißung überhaupt zustande kommt, lassen sich die Elektroden bei sorgfältiger Arbeitsweise ohne Nacharbeit weitestgehend abnutzen.

Als verfahrenstechnischer Nachteil ist der Umstand zu bewerten, daß die Schweißqualität in hohem Maße vom Bedienungspersonal abhängt und nur angelernte Kräfte eingesetzt werden können. Dennoch hat das Kantenschweißen wegen seiner einfachen Einrichtung und hohen erzielbaren Schweißgüte weite Verbreitung gefunden.

Die Abb. 8 stellt eine nach dem Kantenschweißverfahren hergestellte Naht im Querschliff dar. Die Verschweißung erstreckt sich beginnend an der Überlappungskante des oberen Fügeteils bis zur Mitte der Überlappung. In der anderen Hälfte der Nahtbreite bilden die Bleche einen schmalen Zwischenraum, der die Spaltkorrosion begünstigen kann. Die Schweißnaht ist auffallend breit.

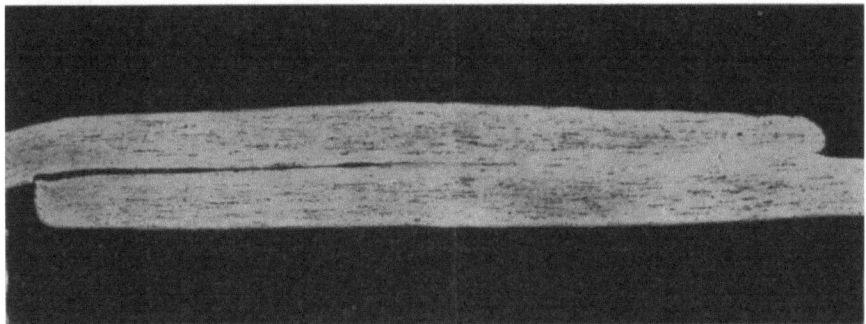

Abb. 8   Querschliff an einer kantengeschweißten Naht   40 : 1

Eine interessante Lösung der eingangs beschriebenen Probleme des Anlegierens und der damit verbundenen Nachteile bietet das Schweißverfahren der Firma Soudronic AG., Dietikon (Schweiz). Statt üblicher Rollenelektroden übertragen hier handelsübliche Kupferdrähte von 1 mm² Querschnitt den Schweißstrom und den Anpreßdruck auf die zu verbindenden Werkstücke, Abb. 7, Verfahren 2. Die guten Erfolge mit dieser Spezialmaschine werden auf die fortlaufende Kontaktstellenerneuerung zwischen den Elektroden und den Weißblechen zurückgeführt. Die Kupferdrähte laufen mit Schweißgeschwindigkeit durch die Ma-

schine und lassen sich nur zweimal verwenden. Die Wirtschaftlichkeit des Verfahrens wird hierdurch beeinträchtigt. Ausgerüstet mit Ignitronsteuerung zur stufenlosen Schweißstromeinstellung ist die Anlage, bedingt durch die Drahtvorschub- und Führungseinrichtungen, aufwendig. Es ergeben sich jedoch bei störungsfreiem Betrieb unabhängig von der Bedienungsperson ausgezeichnete Schweißergebnisse.
Die Abb. 9 stellt eine Soudronic-Naht im Querschnitt dar. Als charakteristisches Merkmal sind die Eindrücke der Drahtelektroden an den Blechoberflächen sowie die schmale Schweißzone erkennbar. Die beidseitig neben der Schweißstelle auftretenden Spalte sind hinsichtlich der Spaltkorrosion wegen ihrer Größe weniger gefährlich. Die Verbindungsstelle selbst ist außerdem durch plombenartige Zinnanreicherungen vor dem Korrosionsangriff des Füllgutes geschützt, die in der vorliegenden Abbildung durch die Schliffanfertigung teilweise zerstört wurden.

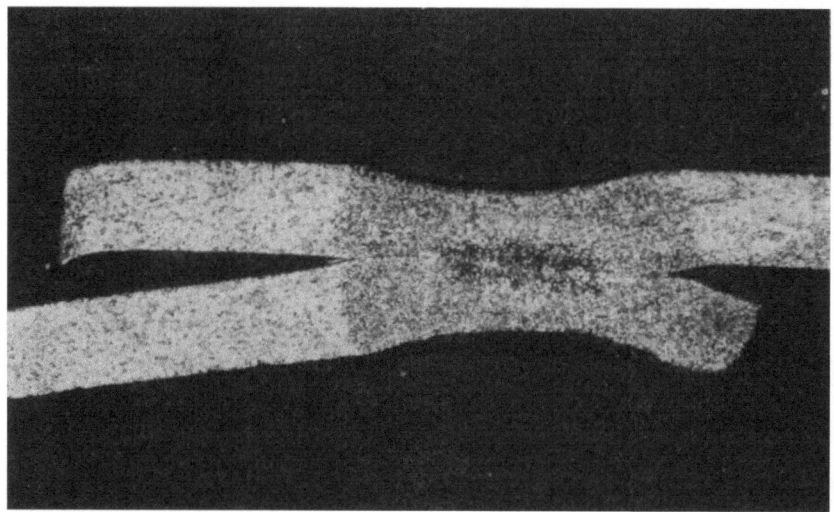

Abb. 9   Querschliff einer mit Kupferdraht-Elektroden hergestellten Schweißnaht   45:1

Nach einer von Spezialmaschinen unabhängigen Schweißmethode werden die Weißblechkanten mit warzenartigen Erhebungen versehen, Abb. 7, Verfahren 3. Diese Methode verfolgt den Zweck, den Verbundcharakter des Weißblechs stellenweise weitgehend aufzuheben und durch den örtlich erhöhten Druck reine Kontaktstellen Stahl/Stahl von genügender Zahl anzustreben, um auf diese Weise eine ausreichende Verbindung zwischen den Kernmaterialien herzustellen und das dazwischenliegende Gebiet mit Zinn derart auszufüllen, daß es an der Verbindung im Sinne einer Lötung teilnehmen kann. Weitere Vorteile ergeben sich aus der Tatsache, daß die Einprägungen eine Verkleinerung der Kontaktfläche zwischen den Elektroden und Weißblechfügeteilen bewirken, so daß Anlegierungserscheinungen reduziert werden. Durch die plastische Verformung der Buckel unter der Wirkung der Elektrodenkraft wird außerdem ein Reibkontakt erzeugt, der die Schweißstromübertragung fördert. Im Sinne der Buckelschweißung sorgen die Werkstofferhebungen schließlich für eine örtliche Schweißstromkonzentration und fördern damit auch den Schweißprozeß unmittelbar. Die Abb. 10 gibt einen Querschliff durch einen einzelnen Schweißbuckel wieder und läßt auch den Rest der Zinnschicht außerhalb der Schweißstelle erkennen.

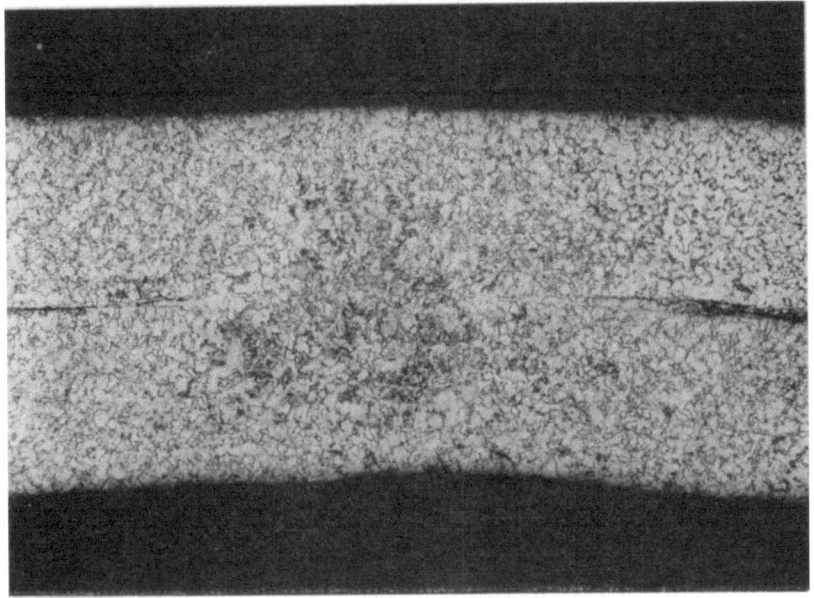

Abb. 10   Querschliff durch einen Buckel an einer Schweißung
         von gerändelten Fügeteilen   100 : 1

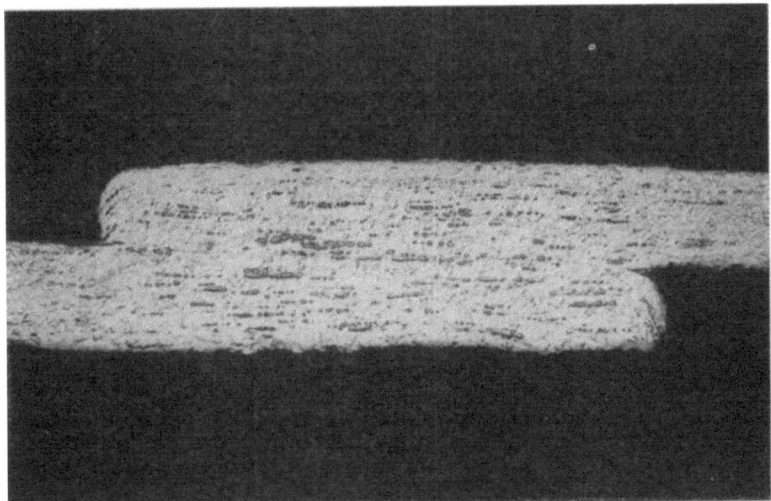

Abb. 11   Querschliff einer mit einer Wanderrollen-Nahtschweißmaschine
         hergestellten Schweißnaht   40 : 1

Selten werden Wanderrollen-Nahtschweißmaschinen für die Weißblechschweißung verwendet, denn es hat sich herausgestellt, daß die Schweißung nur gelingt, wenn die Überlappung klein ist, Abb. 7, Verfahren 4, exakt eingehalten wird und die Rollenelektrode über die Überlappungskante hinausragt. Die beiden ersten Voraussetzungen sind in der Praxis nur schwer erfüllbar; das Verfahren gilt daher allgemein als unsicher; die Abb. 11 stellt eine Schweißnaht im Querschliff dar.

5. Schweißversuche

Während das Widerstandsschweißen für Schwarzbleche nichts Ungewöhnliches darstellt und der Schweißablauf gut beherrscht wird, gilt das Rollennahtschweißen von Weißblech als weitgehend unerforscht. So sind z. B. die physikalischen Ursachen für den Schweißerfolg beim Kantenschweißverfahren noch ungeklärt. Die Annahme, daß nur die mechanischen und geometrischen Gegebenheiten den Schweißprozeß an der Schweißstelle gewährleisten, trifft offenbar nicht zu. Versieht man nämlich die unverzinnte Schnittkante, die sich unter einer Rollenelektrode befindet, mit Zinn, so führt allein diese Maßnahme zum Versagen des Verfahrens. Diese Tatsache bleibt zunächst unverständlich, weil auf Grund der in den Abb. 5 und 6 dargestellten Kontaktwiderstände zu erwarten ist, daß der Schweißstrom in jedem Fall den Weg des geringsten Widerstandes durch die Fügeteilflächen nimmt, anstatt den höheren Stahl-Weißblech-Kontaktwiderstand zu durchfließen.

Derartige Grundsatzfragen lassen sich nicht auf theoretischem Wege oder auf Grund der Erkenntnisse vom Schwarzblechschweißprozeß zufriedenstellend beantworten, sondern sie verlangen gesonderte Untersuchungen. Als Versuchsziel gilt es demnach zu ermitteln, welche Faktoren den Weißblechschweißprozeß maßgeblich beeinflussen, um auf neuen Erkenntnissen aufbauend den Schweißablauf in technischer und wirtschaftlicher Hinsicht optimal gestalten zu können.

Für diese Aufgabe stand eine herkömmliche Wanderrollen-Nahtschweißmaschine der Firma Paul Knopp, Berlin, zur Verfügung, die sich als Universalmaschine gut für die Untersuchung eignete, weil sie vielfältige Einstellungen mechanischer und elektrischer Größen zuließ.

Die Schweißgeschwindigkeit war im Bereich von 1 bis 7,5 m/min stufenlos wählbar. Die Maschine erlaubte die Verwendung von Oberelektroden mit Durchmessern von 160 bis 170 mm. Die Unterelektrode war als Kupferstab mit quadratischem Querschnitt ausgebildet.

Zum Fixieren der sich überlappenden Blechkanten diente eine pneumatisch betätigte Klemmvorrichtung, und die Einstellung der Überlappungsbreiten sowie die Lage der Überlappung zur Oberelektrode erfolgte mittels verstellbarer Stahlfinger, die zum Anschlag der Blechkanten dienten.

Die elektronisch gesteuerte Maschine ermöglichte eine Leistung von 30 kVA und erlaubte eine stufenlose Veränderung des Schweißstroms durch Phasenanschnitt. Außerdem waren Taktprogramme wählbar, bei denen Stromstöße und Strompausen einstellbarer Dauer aufeinander folgen. Es wurden Kupfer-Chrom und Kupfer-Kadmium legierte Elektroden eingesetzt, die etwa gleiche mechanische und elektrische Eigenschaften aufwiesen.

Als Versuchsmaterial standen elektrolytisch verzinnte und feuerverzinnte Weißblechproben von 400 mm Länge mit Zinnauflagen von 5 bis 45 g/m^2 und Blechdicken von 0,24 bis 0,32 mm zur Verfügung. Vorwiegend wurden jedoch Zinnauflagen im Bereich von 10 bis 24 g/m^2 verschweißt. Es konnte festgestellt werden, daß die Einflüsse der Zinnauflagen und der Blechdicken im Hinblick auf das Versuchsziel verhältnismäßig gering waren. Daher wurde diesen Faktoren zunächst nur geringe Beachtung beigemessen.

Die Prüfung der Schweißnähte bereitete anfänglich Schwierigkeiten. Der Zugversuch bringt bei den überlappten Verbindungen auch bei ungenügender Schweißung Brüche im Grundwerkstoff, und Versuche, die Schweißnaht allseitig mit dem Erichsen-Tiefziehgerät bis auf ein bestimmtes Maß zu dehnen und dann auf Dichtigkeit zu prüfen, erbrachten ebenfalls keinen sicheren Aufschluß über unterschiedliche Schweißgüten. Schließlich ließen sich die Proben durch Inaugenscheinnahme und nach einmaligem Hin- und Herbiegen von Hand um 180° quer zur Schweißnaht bei einem kleinstmöglichen Biegeradius am sichersten beurteilen, denn nur einwandfreie Schweißungen hielten dieser Faltbeanspruchung stand.

Metallographische Untersuchungen vermochten Aufschluß über die innere Beschaffenheit der Schweißnähte zu bieten. An einem Querschliff einer Rollennahtschweißung zeigte sich an einer Überlappungskante ein ausgeprägtes Netzwerk einer Verbindung, das bei einem unlegierten ferritischen Stahl nicht zu erwarten war. Seine charakteristische Struktur ließ sich bereits am ungeätzten reliefpolierten Schliff erkennen, jedoch farblich nicht von der Grundmasse unterscheiden. Durch Ätzen mit 4%iger alkohol. Pikrinsäure wurde der Ferrit angegriffen und die Verbindung trat plastisch hervor, Abb. 12 und 13. Die Vermutung lag nahe, daß es sich bei Weißblech um eine Eisen-Zinn-Verbindung handeln konnte. JONES und HOARE [7] erwähnen eine Tiefenätzung zum Nachweis von FeSn$_2$, die auf der Tatsache beruht, daß FeSn$_2$ gegenüber Stahl, den anderen Eisen-Zinn-Verbindungen und Zinn eine hohe chemische Beständigkeit besitzt. FeSn$_2$ wird durch die gebräuchlichen Ätzmittel nicht angegriffen, die Farbe bleibt weiß.

Es hat sich als günstig erwiesen, die Identifizierungsätzung für FeSn$_2$ wie folgt durchzuführen:

Der Schliff ist zunächst für einige Sekunden mit einer wäßrigen Kupferammoniumchlorid-Lösung (12 g Kupferammoniumchlorid in 100 ml destilliertem Wasser) vorzuätzen. Danach schließt sich die Hauptätzung an, bei der während der ersten Minuten 5 ml konzentrierte Salzsäure in die Lösung zugegeben werden. Der Kupferniederschlag läßt sich unter warmem Wasser abreiben. Durch die Identifizierungsätzung konnte bewiesen werden, daß es sich bei dem vorliegenden Netzwerk um die Verbindung FeSn$_2$ handelte. Die Abb. 14 und 15 zeigen, daß der Ferrit und andere zinnhaltige Gefügebestandteile stark angegriffen wurden und daher im Schliff schwarz erscheinen, während FeSn$_2$ als weißes Skelett erhalten blieb. Dieses Ergebnis deckt sich mit der Beobachtung von Jones und Hoare, die ähnliche Ausbildungsformen von FeSn$_2$ nach Glühversuchen um 1150° C fanden.

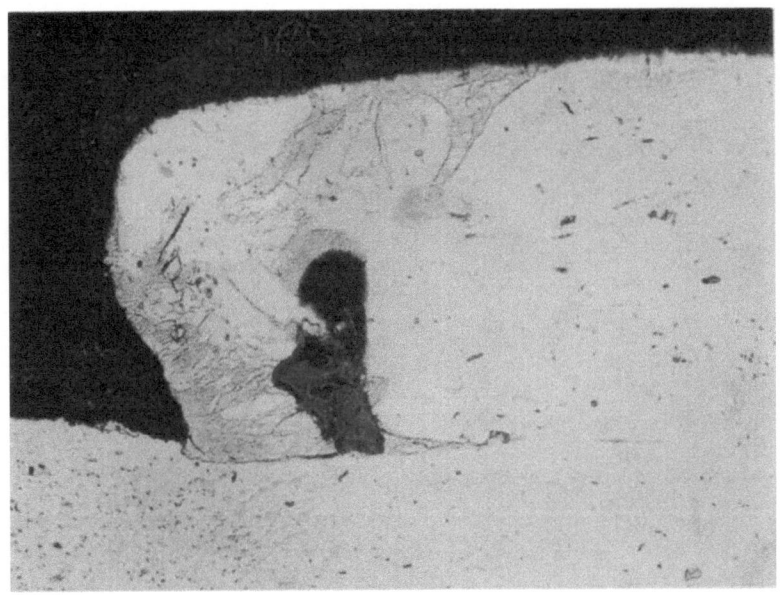

Abb. 12 Querschliff einer Rollennahtschweißung mit ausgeprägtem $FeSn_2$-Netz an der Überlappungskante   200 : 1

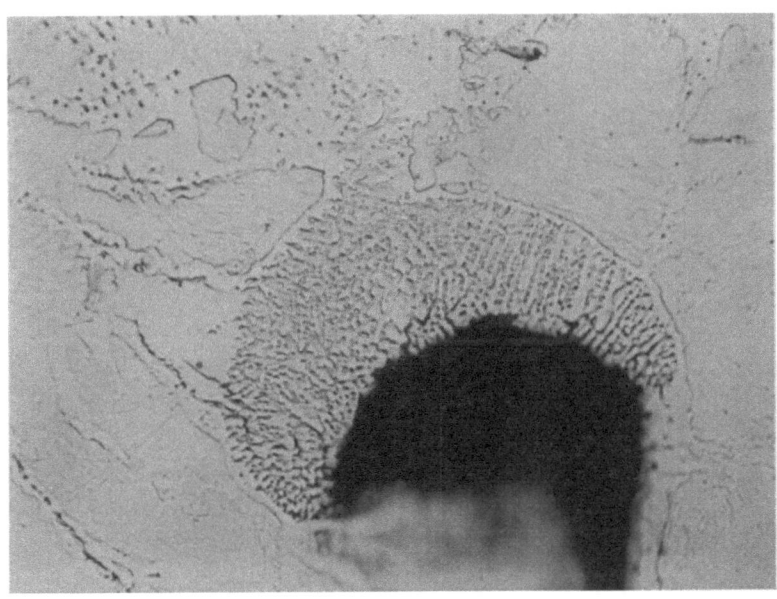

Abb. 13 Typische Struktur von $FeSn_2$ 1000 : 1
(Ausschnitt aus Abb. 12)

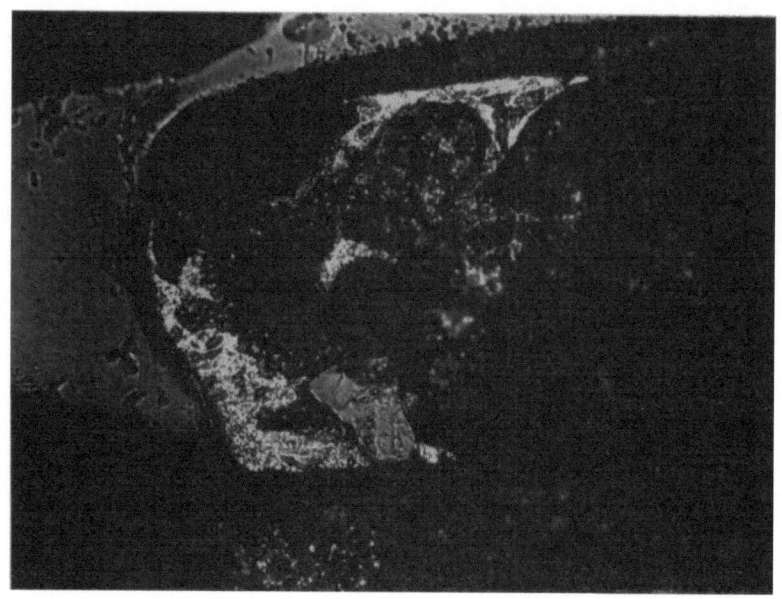

200:1

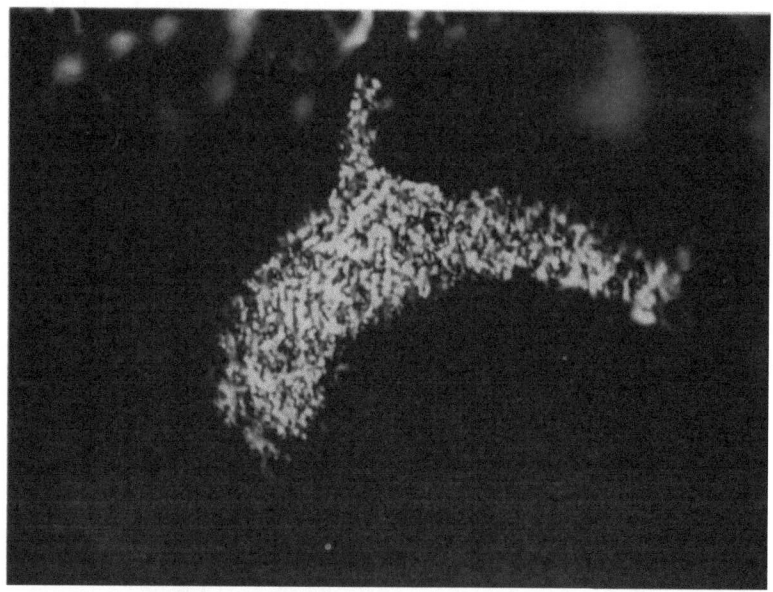

Abb. 14 und 15   Nachweis von FeSn$_2$ durch eine Identifizierungsätzung:
FeSn$_2$ weiß, Ferrit dunkel   1000:1
(vgl. Abb. 12 und 13)

Grundsätzlich tritt die Verbindungsstelle bei einer einwandfreien Rollennahtschweißung nicht hervor, d. h. Sn oder $FeSn_2$ sind nicht nachzuweisen. Diese Tatsache erklärt sich durch den Schweißvorgang. Infolge seines sehr niedrigen Schmelzpunktes verflüssigt sich das Zinn vor Erreichen der Schweißtemperatur und wird durch die Elektrodenkraft sofort seitlich herausgepreßt bzw. vor der Elektrode in Schweißrichtung hergeschoben.

Mikroskopische Untersuchungen an Längs- und Querschliffen rollennahtgeschweißter Bleche ergaben, daß die Verbindung $FeSn_2$ auch in der Naht auftreten kann, Abb. 16 und 17. Es hat sich gezeigt, daß diese Einschlüsse bevorzugt dann zu beobachten sind, wenn die Schweißtemperatur abschnittsweise unter der zulässigen Grenze liegt. Diese Erscheinung ist vermutlich darauf zurückzuführen, daß die mechanische Wirkung der Rollenelektrode nicht ausreicht, die bei niedrigerer Temperatur zähere Schmelze mit den Verbindungen Fe_2Sn und FeSn, Abb. 4, restlos aus der Schweißfuge herauszuquetschen. Die Bildung von $FeSn_2$ erfolgt beim Erreichen von 496°C durch peritektische Umwandlung. Bei zu geringer Schweißleistung sind nur Teilverschweißungen oder Lötverbindungen möglich, Abb. 18. Größere $FeSn_2$-Einschlüsse stellen zweifellos auf Grund ihrer Härte und Sprödigkeit eine gewisse Schwachstelle in der Schweißnaht dar, Abb. 16 und 17, besonders dann, wenn die Naht auf Biegung beansprucht wird (Sicken). Geringe Mengen von Eisen-Zinn-Verbindungen an der Schweißstelle, Abb. 19, beeinträchtigen dagegen die Nahtgüte nicht.

Bei fast allen Verfahren der Rollennahtschweißung von Weißblech ist entlang den Überlappungsenden in Schweißebene eine Plombenbildung aus $FeSn_2$ oder $FeSn_2$ und Sn zu beobachten, Abb. 20. Das bestätigt die Annahme, daß ein Teil des Zinns vor dem Schweißen seitlich herausgepreßt wird. Die Plombenbildung begünstigt die Korrosionsbeständigkeit der Schweißnaht.

Bei der Rollennahtschweißung schmilzt die Zinnauflage im Bereich der Schweißstelle auch an den Außenflächen der Bleche. Ein großer Teil des Zinns wird infolge des Elektrodenkontakts zur Seite abgedrängt, ein weiterer Teil bleibt an den Elektroden haften. Die Schweißnaht besitzt eine unzusammenhängende Zinnauflage unterschiedlicher Dicke. Ihre dunkelblaue Färbung wird durch die Bildung von Zinnoxyd (SnO) bestimmt. In der Praxis hat es sich gezeigt, daß die Nähte rollennahtgeschweißter Weißbleche trotzdem einen gewissen Korrosionsschutz bieten. Es ist anzunehmen, daß diese Tatsache auf das Vorhandensein einer $FeSn_2$-Schicht zurückzuführen ist, und möglicherweise spielt auch das Zinnoxyd zusätzlich eine Rolle dabei.

Bei der Anfertigung von Schweißproben wurde bewußt von den bekannten Sondermaßnahmen abgesehen, die erfahrungsgemäß zu guten Schweißergebnissen führen, um die bei jener Arbeitsweise auftretenden Schweißfehler studieren und ihre Ursachen ermitteln zu können. Die Rollenelektrode wurde daher grundsätzlich so eingestellt, daß sie seitlich nicht über die Kante des oberen Fügeteils hinausragte, sondern etwa mit ihr abschloß, und die Breite der Elektrodenfläche etwa der Überlappung entsprach, Abb. 7, Verfahren 5. Die Schweißgeschwindigkeit wurde mit Rücksicht auf die Anforderungen in der Praxis im Bereich von 6,0 bis 7,5 m/min variiert. Bei diesen Verhältnissen ließen sich nur gelegentlich

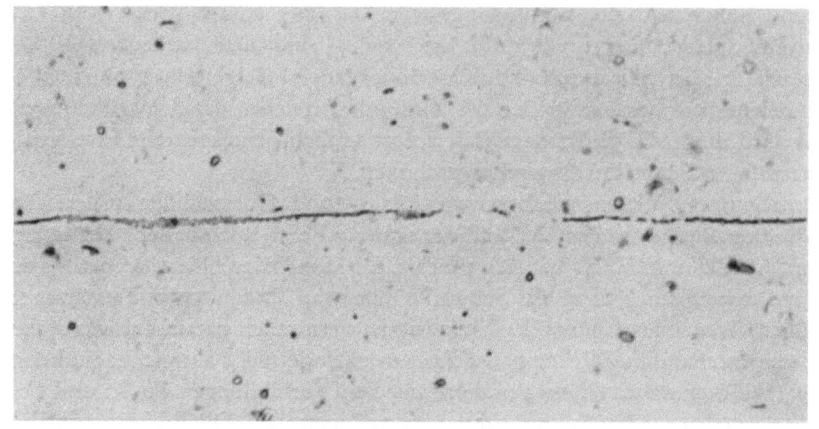

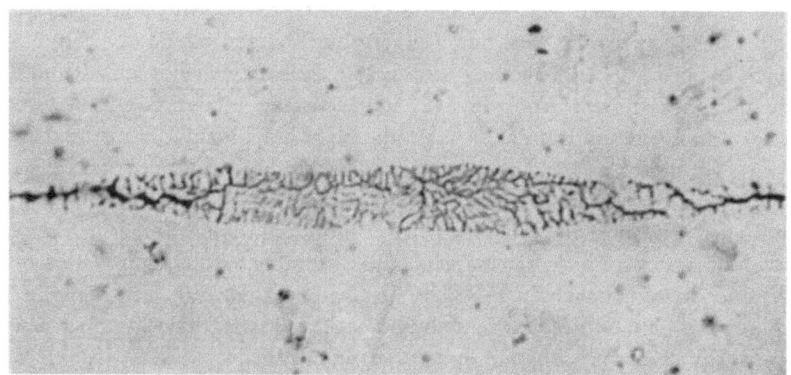

Abb. 16 und 17 Auftreten von FeSn$_2$ in der Schweißfuge
bei zu niedriger Schweißtemperatur 1000 : 1

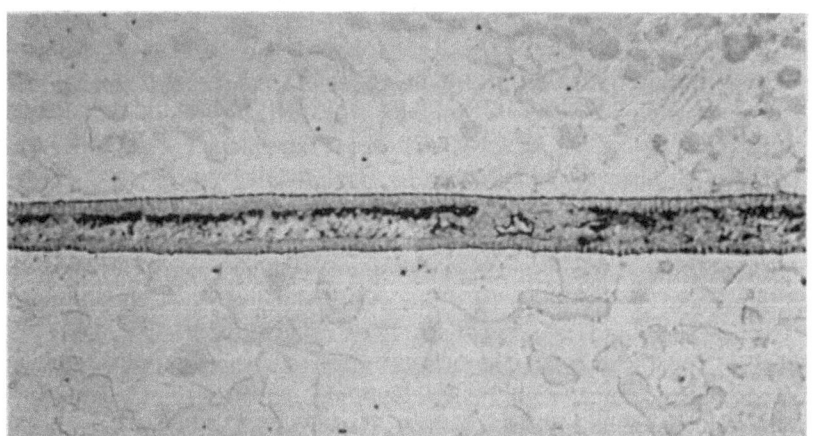

Abb. 18 Unzureichende Verbindung,
Löteffekt durch FeSn$_2$ und Sn 1000 : 1

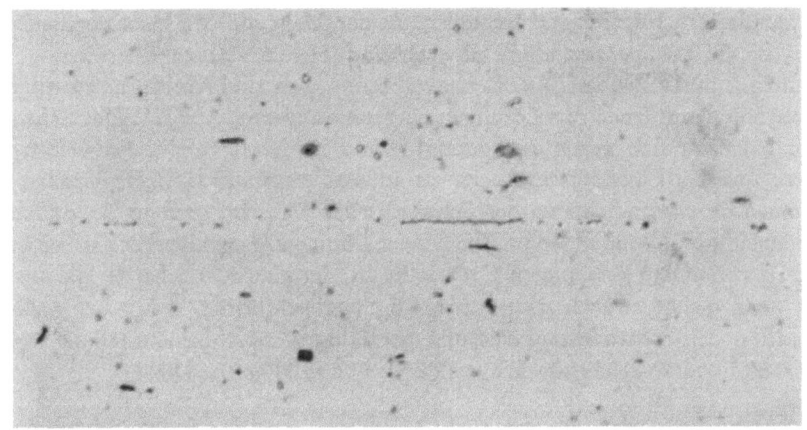

Abb. 19   FeSn$_2$-Spuren in der Schweißfuge   1000 : 1

Abb. 20   »Plombenbildung« aus FeSn$_2$ (dunkel) und Sn (hell)   200 : 1

einwandfreie Schweißungen herstellen. In der Mehrzahl der Fälle ergaben sich über die Nahtlänge periodisch abwechselnd Stellen starker Überhitzung, erkennbar an dunkelblauen Oberflächenverbrennungen, und Abschnitte zu geringer Erwärmung, an denen nur Lötungen eingetreten waren, Abb. 21. Der Schweißprozeß erwies sich gegenüber geringfügigen Änderungen der Schweißstromstärke und der Überlappungsbreite als äußerst empfindlich. Beide Größen bestimmen die Stromdichte an der Schweißstelle. Während geringe Stromdichten gleichmäßige Verbindungen im Sinne einer Lötung ergaben, verlief der Schweißprozeß von einem bestimmten Grenzwert an, der eine ausreichende Nahtfestigkeit noch nicht gewährleistete, schlagartig ungleichförmig. Selbst bei gezielter Variation der Schweißparameter und sorgfältiger Maschineneinstellung waren konstante und ausreichende Schweißgüten nur zufällig erreichbar.

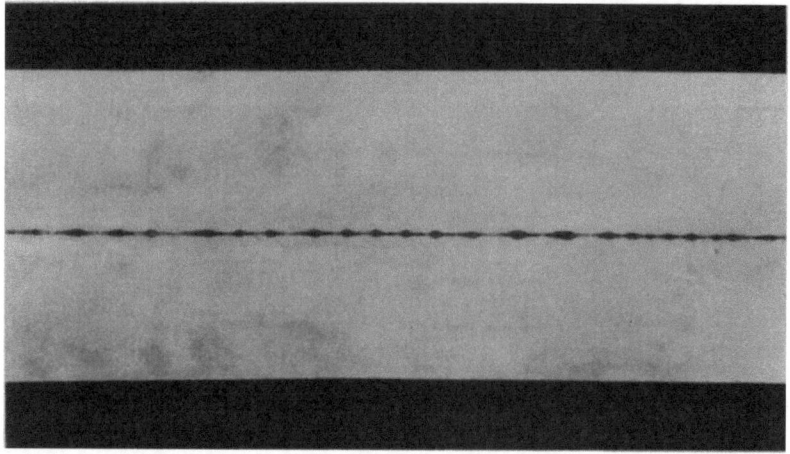

Abb. 21 Ungleichförmiger Schweißablauf
bei einer 400 mm langen Weißblech-Schweißnaht   1 : 4

Die ursprüngliche Vermutung, daß die fehlerhafte Erscheinung möglicherweise auf eine schwankende Stromstärke zurückgeführt werden könnte, hat sich auf Grund von exakten Messungen des zeitlichen Stromverlaufs über die Nahtlänge nicht bewahrheitet.
Die den Schweißeffekt bestimmende Temperatur hängt außer vom Schweißstrom noch vom Schweißwiderstand ab. Zur Klärung der Frage, ob diese Größe Veränderungen unterliegt, war es wichtig, zu erkennen, daß die Zinnoberfläche von Weißblech ab einer Temperatur von rd. 350° C spontan oxydiert. Die aus SnO bestehende, dunkelblaue Oxydschicht setzt den Kontaktwiderstand erheblich herauf. Der elektrische Widerstand von Weißblech ist also stark von der Temperatur abhängig. Die Widerstandswerte erreichen bei 232° C, dem Schmelzpunkt der Zinnauflage, ihr Minimum und steigen sodann mit verstärkt einsetzender Oxydation wieder an. Da jede Stelle der Schweißnaht beim Schweißvorgang einen größeren Temperaturbereich durchläuft, mußte geklärt werden, ob und in

welchem Maße sich die Widerstandsänderungen des Werkstücks auf den Weißblechschweißprozeß auswirken.

Zunächst wurde der Schweißwiderstand während des Schweißablaufs gemessen. Die elektrische Spannung, der Strom und die Leistung im Primärkreis sind während des ganzen Schweißvorgangs oszillographisch registriert worden, Abb. 22. Um Fehlmessungen zu vermeiden, wurde mit sinusförmigem Schweißstrom gearbeitet, indem die Ignitrons überbrückt wurden. Da durch diesen Eingriff auch der selbsttätige Impedanzausgleich der Wanderrollen-Nahtschweißmaschine ausgeschaltet wurde, mußte ein leichter Abfall der Schweißstromstärke über die Nahtlänge in Kauf genommen werden. Hierdurch entfiel auch der Vorteil der Feineinstellung des Schweißstroms, so daß seine optimale Einstellung nicht erreicht wurde und das periodisch abwechselnde Auftreten der Fehlstellen weniger deutlich in Erscheinung trat.

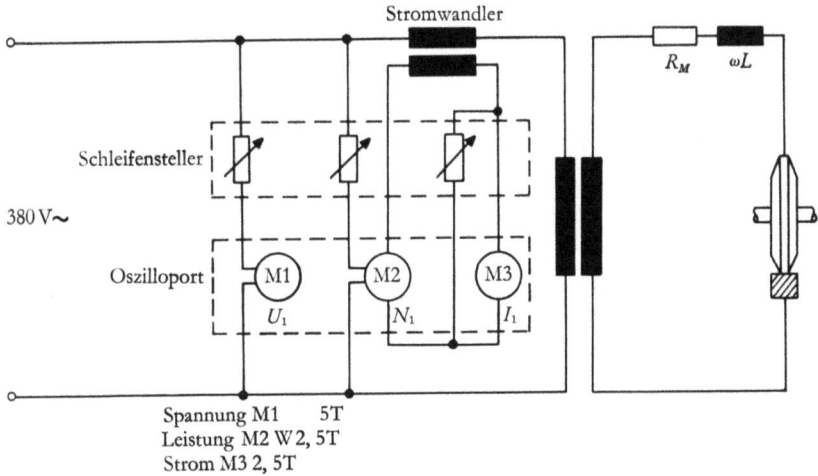

Abb. 22   Elektrisches Schaltschema zur Messung des Schweißwiderstandes während des Schweißvorgangs

Die Auswertung wurde unter Berücksichtigung des Übersetzungsverhältnisses des Schweißtransformators auf den Sekundärkreis bezogen. Der Schweißwiderstand ergibt sich aus der Differenz der aus dem Belastungsversuch gewonnenen Summe von Maschinenwiderstand und Schweißwiderstand sowie dem Maschinenwiderstand, der aus dem Kurzschlußversuch resultiert.

Die Versuche, Abb. 23, ließen Schwankungen des Schweißwiderstands von 10 bis 90 $\mu\Omega$ und der Schweißleistung von 0,5 bis 4,5 kW erkennen. Ein Vergleich der Meßwerte mit der Beschaffenheit der Schweißnaht ergab, daß sich Unterschiede in Veränderungen des Schweißwiderstands bzw. der Schweißleistung bemerkbar machen.

Zwischen Schweißtemperatur und Schweißleistung besteht eine Wechselwirkung, die über eine Oxydation der Weißblechoberfläche und damit verbundenen Widerstandsveränderungen zu erklären ist. In welchem Maße der Schweißwiderstand

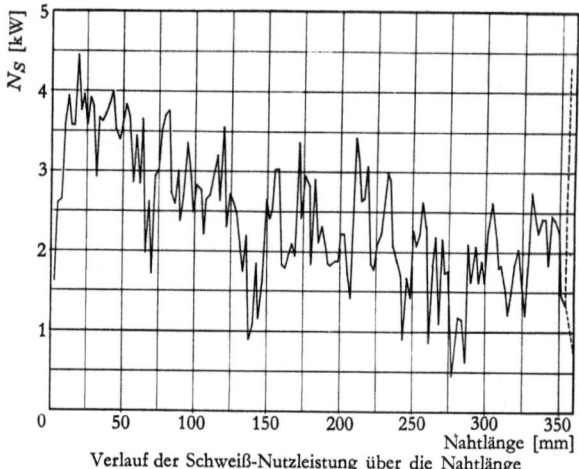

Verlauf der Schweiß-Nutzleistung über die Nahtlänge

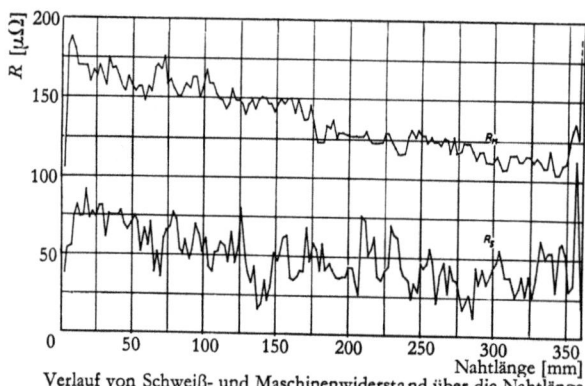

Verlauf von Schweiß- und Maschinenwiderstand über die Nahtlänge

Abb. 23 Verlauf von Schweißwiderstand und -leistung über die Nahtlänge einer Wanderrollen-Nahtschweißung

R_S die an der Schweißstelle erzeugte Leistung N_S bestimmt, hängt von der Lage des Betriebsbereiches der Schweißmaschine in der Leistungskennlinie ab. Das Ersatzschaltbild des Sekundärkreises eines Transformators enthält den Maschinenwiderstand R_M, den Blindwiderstand ωL sowie den Schweißwiderstand R_S, die infolge der konstanten Wechselspannung E_2 vom gleichen Schweißstrom I durchflossen werden. Die Schweißnutzleistung ergibt sich aus

$$N_S = I^2 \cdot R_S$$

und mit

$$I = E_2 / \sqrt{(R_M + R_S)^2 + (\omega L)^2}$$

wird

$$N_S = E_2^2 \cdot R_S / (R_M + R_S)^2 + (\omega L)^2.$$

Die graphische Darstellung der Schweißleistung über dem Schweißwiderstand ergibt einen bei 0 beginnenden Kurvenzug mit einem Maximum an der Stelle

$$R_S = \sqrt{R_M^2 + (\omega L)^2} = Z,$$

der Impedanz, die einen Maschinenkennwert darstellt und im Versuchsfall je nach Elektrodenstellung 380–400 $\mu\Omega$ betrug, Abb. 24. Dagegen wies der ermittelte Betriebsbereich des Schweißwiderstands mit 10–90 $\mu\Omega$ sehr geringe Werte auf und liegt daher im steilsten Kurventeil, wo kleine Widerstandsveränderungen einen großen Einfluß auf die Schweißleistung ausüben.

Die in Abb. 24 dargestellten Maschinenkennlinien der Versuchsmaschine gelten für den Nahtanfang (1) und das Nahtende (2). Die Leistungsdifferenzen werden bei normalem Betrieb durch die elektronische Regelung selbsttätig ausgeglichen.

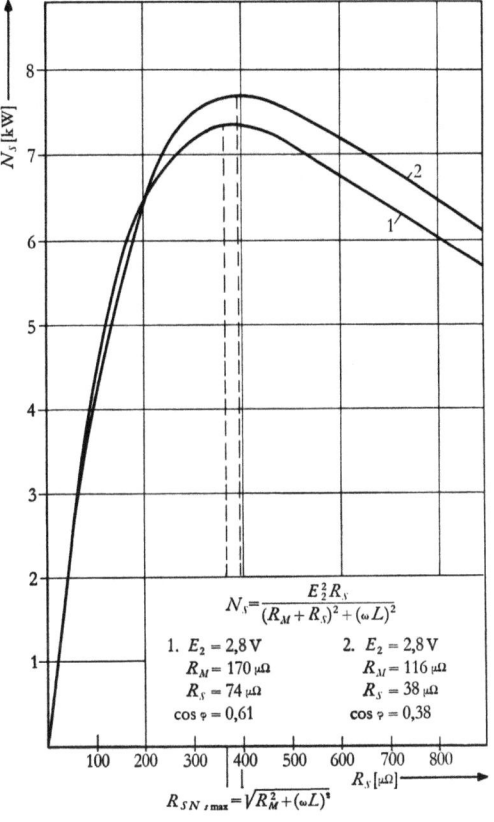

Abb. 24 Leistungskennlinie der untersuchten Wanderrollen-Nahtschweißmaschine

6. Deutung des Schweißablaufs

Die bisherigen Erkenntnisse vermögen zwar die Empfindlichkeit des Schweißvorgangs gegenüber geringfügigen Kontaktschwankungen zu erklären, jedoch steht ein Nachweis der Ursache der periodisch wechselnden Schweißleistung noch aus. Mit Hilfe meßtechnischer Verfahren darüber Aufschluß zu erlangen ist nicht gelungen, weil es hierzu undurchführbarer Messungen der Teilwiderstände zwischen den Elektroden während des Schweißens sowie der Temperatur an der Elektrodenberührungsstelle und in ihrer Umgebung bedarf. Dennoch erlauben die bekannten Zusammenhänge zwischen Temperatur, Oxydation, Schweißwiderstand und -leistung eine glaubwürdige Deutung des Schweißablaufs:

Die zu Beginn des Schweißprozesses eingeleitete Wärme erzeugt im Blech eine so hohe Temperatur, daß die Weißblechoberfläche auch vor der Schweißrolle spontan oxydiert. Der Gesamtwiderstand steigt an, und die Schweißleistung erhöht sich gemäß Abb. 24, so daß die Weißblechoberfläche an dieser Stelle stark erhitzt wird. Die Erwärmung breitet sich allseitig aus, eilt der Elektrode voraus und vernichtet die Kontaktwiderstände zwischen den Fügeteilen sowie zwischen Unterelektrode und Unterblech durch Schmelzen der Zinnschicht. Hierdurch wird der Schweißwiderstand erheblich verringert, und die Schweißleistung nimmt der Maschinenleistungskurve entsprechend so stark ab, daß kein Schweißen möglich ist. Sobald die Elektrode diese Schwachstelle überrollt hat, kommt sie mit dem wärmeunbeeinflußten Werkstoff höheren Widerstands in Berührung, und das Wechselspiel beginnt erneut.

Die stellenweise auftretende Oxydation und die dadurch erhöhten Schweißwiderstände vor der Rollenelektrode können auch durch einen wechselhaften Kontakt zwischen Unterblech und Dornelektrode infolge Wärmeverzugs verursacht werden. Die unterschiedliche Wärmeableitung hätte zwangsläufig Temperaturschwankungen zu Folge, die den ungleichmäßigen Oxydationsvorgang bewirken. Als Hinweis auf diesen möglichen Zusammenhang dient die Tatsache, daß die erstellten Schweißnähte leichte wellenartige Verwerfungen in Längsrichtung aufwiesen.

Von wesentlicher Bedeutung für weitere Schlüsse ist die Erkenntnis, daß die bei der Untersuchung auftretenden Mängel der Schweißnaht auf werkstoffbedingte Wechselwirkungen zwischen Schweißtemperatur und Schweißwiderstand zurückzuführen sind, wobei der Ungleichförmigkeitsgrad des Schweißvorgangs durch die Steigung der Leistungskennlinie im Arbeitsbereich der Schweißmaschine bestimmt wird.

7. Folgerungen

Die eingehenden Untersuchungen lassen erkennen, daß Wanderrollen-Nahtschweißmaschinen für das Herstellen von Weißblechschweißverbindungen ungeeignet sind. Die Schweißsicherheit wird offenbar dann stark herabgesetzt, wenn sich die Fügeteile vor der Rollenelektrode periodisch wellenartig von der kühlenden Dornelektrode abheben und dadurch in stärkerem Maße erhitzt werden, so daß eine spontane Oxydation mit ihren nachteiligen Folgen einsetzen kann.
Übliche Doppelrollenmaschinen sind in dieser Hinsicht überlegen. Abgesehen von den nachteiligen Folgen des Anlegierens von Zinn an der Elektrodenkontaktfläche entstehen gleichmäßige Schweißnähte mit stark oxydierter Oberfläche. Daß hier bei gleicher elektrischer Maschinenkennlinie keine Leistungsschwankungen eintreten, liegt in dem Umstand begründet, daß die Wärmeableitung aus den Fügeteilen gleichmäßig erfolgt und damit bei gleicher Temperatur ein konstanter Oxydationsgrad und Schweißwiderstand vorliegt, weil in der Umgebung der Schweißstelle keine wechselhaften Berührungen mit kühlenden Metallteilen stattfinden und ein wellenartiger Verzug der Naht keine nachteiligen Einflüsse auf den Schweißablauf auszuüben vermag. Die Schweißstelle wird hier höher erhitzt und eine gleichbleibende Oxydation vor den Elektroden führt zu konstanten Werten von Schweißwiderstand und Schweißleistung.
In Verbindung mit der Tatsache, daß der Kontaktwiderstand von unverzinnten Stahlblechen mit steigender Temperatur gemäß Abb. 25 abnimmt und ab 600°C unter $50\mu\Omega$ liegt, bietet sich nunmehr auch eine Erklärung für den Schweißerfolg des Kantenschweißverfahrens an. Berücksichtigt man nämlich, daß der Fügeteilflächenwiderstand auf Grund der bei Doppelrollen-Nahtschweißmaschinen ausgeprägten Oxydation erheblich anzusteigen vermag, während die unverzinnte Kante bei Schweißtemperatur eine höhere elektrische Leitfähigkeit aufweist, so wird verständlich, daß ein großer Anteil des Schweißstromes die unverzinnte Kante durchfließt. Die vorliegenden Gegebenheiten lassen sich durch zwei unterschiedliche und an gleicher Spannung liegende parallel geschaltete Widerstände wiedergeben. In diesem Ersatzschaltbild sind die Leistungen umgekehrt proportional den Widerständen, d. h. im kleineren Widerstand, der der Fügeteilkante entspricht, wird die höhere Leistung erzeugt. In diesem Sinne stellt auch das Kantenschweißen – wie die anderen Sonderverfahren – eine kontaktstabilisierende Maßnahme dar, die die Schweißsicherheit beträchtlich erhöht und gleichzeitig das Kleben der Werkstücke an den Elektroden verhindert.
Aus theoretischen Überlegungen, Abb. 24, folgt, daß der Schweißprozeß gleichförmig verlaufen muß, wenn die Leistungsänderungen durch den Schweißwiderstand klein sind. Dies ist naturgemäß in der Umgebung des Leistungsmaximums

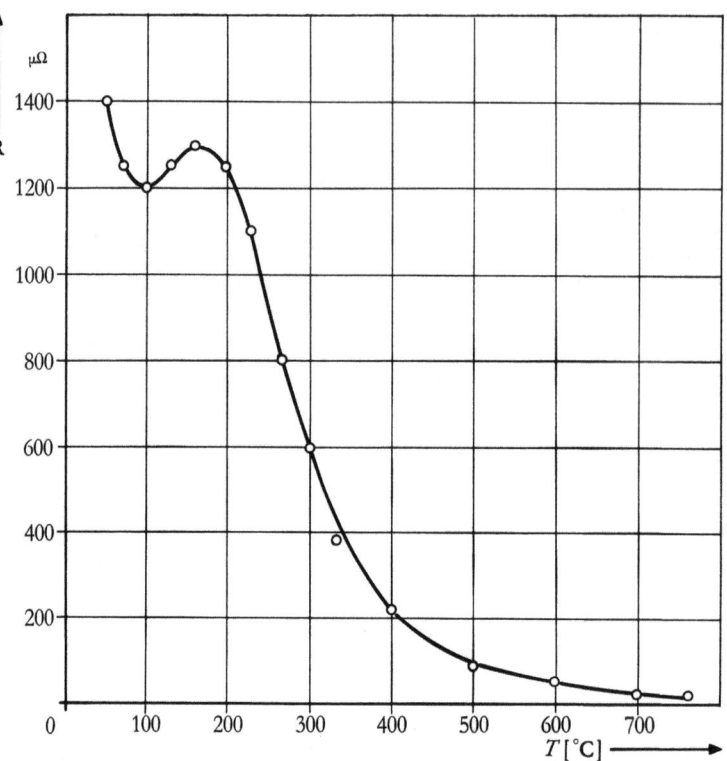

Abb. 25 Einfluß erhöhter Temperatur auf den Kontaktwiderstand von unverzinnten Stahlblechen

der Fall, so daß in diesem Betriebsbereich konstante Verhältnisse zu erwarten sind. Ob diese Forderungen ohne aufwendige Maßnahmen zur Kompensation der Maschineninduktivität erfüllbar sind, hängt weitestgehend von der Bauart der Schweißmaschine und der Größe der Schweißwiderstände ab. Nach dem äußeren Anschein kommt die Schweißmaschine der Firma Soudronic AG diesen Bedingungen am nächsten, denn die Induktivität der Sekundärschleife wird wegen des kleinen Armabstands gering sein, so daß das Leistungsmaximum zu kleineren Schweißwiderständen verschoben wird. Die schmale Schweißnaht wird den Schweißwiderstand erhöhen, so daß die Lage des Betriebspunktes in der Nähe des Leistungsmaximums möglich erscheint und außer der ständigen Kontaktstellenerneuerung auch hierdurch erhöhte Konstanz des Schweißablaufs und der Schweißsicherheit gewährleistet sind.

Die im Verhältnis zur Überlappungsbreite sehr schmale Schweißzone, Abb. 9, wird ebenfalls als vorteilhaft angesehen, weil die hiermit verbundene rasche Wärmeableitung aus dem kritischen Kontaktbereich der Elektrode die Oxydationsneigung der Fügeteile in Grenzen hält. Leider fehlt der meßtechnische Nachweis für die Richtigkeit dieser Hypothesen, weil keine Soudronic-Schweißmaschine für Versuchszwecke zur Verfügung stand.

Einwandfreie Schweißnähte kommen auch an Wanderrollen-Nahtschweißmaschinen zustande, wenn mit unterbrochenem Stromfluß gearbeitet wird und die dann entstehenden ungeschweißten Lücken in einem zweiten Arbeitsgang mit gleichem Taktprogramm verschweißt werden. Hier ist der Schweißerfolg darauf zurückzuführen, daß die Elektrode die unverschweißten Lücken stromlos überrollt, wodurch Leistungsschwankungen zwangsläufig vermieden werden. Es bleibt weiteren Untersuchungen vorbehalten, das Verfahren in der Weise zu entwickeln, daß mit zwei hintereinander geschalteten Elektroden gearbeitet wird, die die Schweißung in einem Arbeitsgang und im Wechselspiel bewirken.

Eine weitere Möglichkeit, Leistungsschwankungen auszuschalten, besteht in der Anwendung von Schutzgas zur Vermeidung von Oxydation und Widerstandsänderung. Dieser Gedanke ist praktisch ausgeführt worden und erwies sich nach anfänglichen Fehlschlägen als aussichtsreich.

Vorversuche ergaben, daß Maschinen mit feststehendem Dorn als Unterelektrode sich für diese Arbeitsweise nicht eignen, weil die Kontaktfläche des unteren Fügeteils nur unzureichend vor Oxydation geschützt werden kann. Es wurde daher eine übliche Doppelrollen-Nahtschweißmaschine älterer Bauart für diesen Schweißzweck erstellt, Abb. 26, und mit einer automatischen Vorschubeinrichtung mit

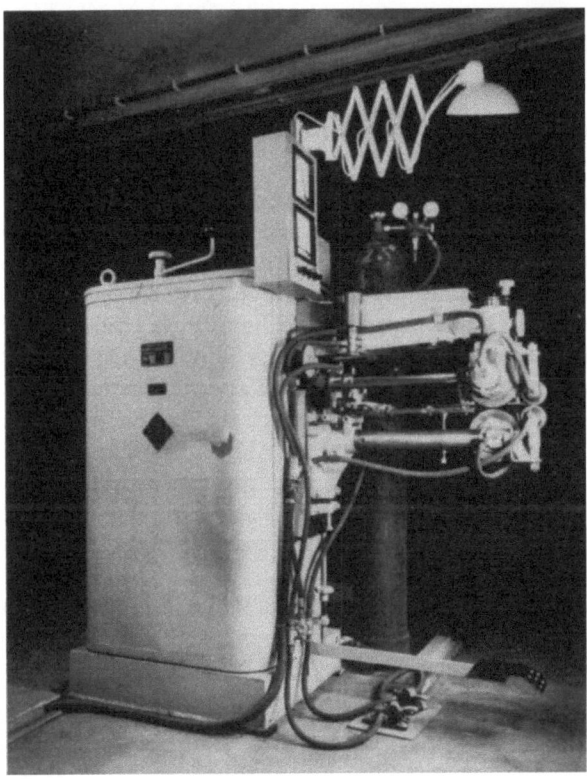

Abb. 26   Doppelrollen-Nahtschweißmaschine älterer Bauart,
eingerichtet zum Weißblechschweißen unter Schutzgas

pneumatisch betätigter Spannvorrichtung ausgerüstet, Abb. 27, die eine verstellbare Z-Schiene besitzt, so daß die Überlappungsbreite und die Lage der Verbindungsstelle zu den Elektroden variiert werden können.

Abb. 27   Selbsttätige Vorschubeinrichtung mit pneumatischer Spannvorrichtung für das Schweißen unter Schutzgas

Entscheidend für das Gelingen optimaler Schweißungen ist die Wahl des Schutzgases. Die ersten Untersuchungen, die mit Argon und Stickstoff hoher Reinheit durchgeführt wurden, brachten keinen Erfolg. Offenbar genügen kleinste Sauerstoffmengen zur Oxydation der Zinnauflage. Erst die Verwendung der reduzierend wirkenden Gase Wasserstoff und Formiergas erfüllte alle Erwartungen. Die Versuche wurden in der Weise durchgeführt, daß die Überlappungsflächen vor und hinter der Schweißstelle von der Wasserstoffflamme bedeckt waren. Am Ende der geschützten Zone mußte zusätzlich ein über Federn wirksames, wassergekühltes Rollenpaar angebracht werden, Abb. 28, um eine sprungartige Temperaturverringerung der Schweißnaht zu erzwingen, damit auch außerhalb der Wasserstoffflamme keine Oxydation und Nahtverfärbung eintritt. Gleichmäßige Schweißnähte mit metallisch blanker Zinnschicht, Abb. 7, Verfahren 6, waren die Folge.

Da wegen des Fehlens von Sauerstoff ein Verbrennen der Nahtoberfläche ausgeschaltet ist, verläuft der Schweißvorgang nunmehr stabil und ist unempfindlich gegenüber erhöhtem Schweißstrom. Auf zusätzliche kontaktfördernde Maßnahmen zwischen Werkstück und Elektrode, wie sie die Verfahren 1–4, Abb. 7, verwirklichen, kann verzichtet werden, so daß die Rollenelektrode – wie im Versuchsfall – neben den Fügeteilkanten angeordnet werden kann. Hierdurch wird der Rollenverschleiß bedeutend vermindert. Auch das nachteilige Kleben am Werkstück wurde nicht beobachtet.

Abb. 28 Schweißkopf mit Schutzgas- und Kühleinrichtung

Als Vorteil ist weiterhin zu werten, daß die Schutzgasausrüstung einfach ist, und es bedarf keiner kostspieligen Schweißeinrichtung. Darüber hinaus ist der Verbrauch an Wasserstoff bei niedrigen Kosten gering, so daß die Wirtschaftlichkeit dieser Schweißmethode außer Zweifel steht.

Als noch unbefriedigend gelöst gilt das Problem der Schutzgasführung. Während bei horizontaler Schweißeinrichtung die Schutzgaslenkung an der Nahtunterseite keine Schwierigkeiten bereitet, steigt der Wasserstoff auf der Oberseite infolge seines geringen spezifischen Gewichts und des durch seine Verbrennungswärme verstärkten Auftriebs rasch nach oben, so daß die Schutzwirkung hier nur bei erhöhter Gasmenge vollkommen ist. Um beidseitig der Naht gleichartige und günstigere Verhältnisse zu schaffen, wird beabsichtigt, in senkrechter Richtung zu schweißen, damit der Auftrieb des Wasserstoffs zur Erzielung eines minimalen Gasverbrauchs ausgenutzt werden kann.

Einer eingehenden Betrachtung bedarf auch der Umstand, daß die Zinnauflage an der Schweißstelle weitgehend erhalten bleibt. Hier erhebt sich die Frage, ob der Korrosionsschutz ausreicht, oder ob je nach Füllgut ein Nachverzinnen oder Nachlackieren erforderlich ist. Es sind daher systematische Korrosionsversuche und eingehende Oberflächenuntersuchungen geplant.

8. Zusammenfassung

Früher wurden Weißblechverbindungen ausschließlich durch Löten hergestellt. Die Forderung nach höherer Festigkeit führte daher zur Entwicklung besonderer Rollennahtschweißverfahren, die der Eigenart des Werkstoffs Weißblech weitgehend Rechnung tragen. Eigene Versuche erfolgten an einer Wanderrollen-Nahtschweißmaschine ohne zusätzliche Maßnahmen zur Herstellung optimaler Schweißgüten. Die Prüfung der Schweißnähte durch Inaugenscheinnahme, mechanische Methoden und metallographische Untersuchungen ergab unbefriedigende Resultate. Der Schweißprozeß verlief in der Weise ungleichförmig, daß überhitzte Zonen und Abschnitte zu geringer Leistung periodisch aufeinander folgten. Genaue Messungen des Schweißwiderstands über die Nahtlänge während des Schweißens haben bewiesen, daß erhebliche oxydationsbedingte Schwankungen vorliegen, die auf Grund der ungünstigen Lage des Maschinenarbeitsbereiches in der Leistungskennlinie starke Leistungsänderungen hervorrufen. Diese Erkenntnis ermöglichte einige Schlußfolgerungen, die zur Weiterentwicklung des Weißblechschweißens beitragen:

1. Wanderrollen-Nahtschweißmaschinen setzen die Schweißsicherheit beim Verarbeiten von Weißblech herab, weil Widerstandsveränderungen durch unterschiedliche temperaturabhängige Oxydationsgrade auftreten können, wenn die Wärmeabfuhr aus den Fügeteilen vor der Rollenelektrode schwankt.
2. Die bei den Sonderverfahren angewandten Maßnahmen begünstigen den Kontakt zwischen Rollenelektrode und Werkstück und erzielen so gleichmäßige Schweißwiderstände.
3. Ein stabiler Schweißablauf ist nach theoretischen Überlegungen möglich, wenn der Betriebspunkt beim Weißblechschweißen im Bereich des Leistungsmaximums der Maschinenkennlinie liegt, wo Änderungen des Schweißwiderstands nur geringfügige Leistungsschwankungen zur Folge haben.
4. Einwandfreie Schweißnähte herzustellen gelingt, wenn mit einem Stromtaktprogramm in der Weise gearbeitet wird, daß im ersten Arbeitsgang eine Schweißpunktreihe erzeugt wird und anschließend die noch unverschweißten Lücken zwischen den einzelnen Schweißpunkten verbunden werden. Bei sinnvoller Ausbildung der Schweißmaschine erscheint es möglich, beide Arbeitsgänge zu vereinigen.
5. Versuche haben bestätigt, daß gleichmäßige Schweißungen entstehen, wenn die Oxydation durch Anwendung von reduzierend wirkenden Schutzgasen – wie z. B. Wasserstoff – ausgeschaltet wird. Bei dieser Verfahrensweise ergeben sich Schweißnähte mit metallisch blanker Zinnschicht. Als weitere Vorteile wird das Kleben der Elektroden am Werkstoff vermieden, und die Schweiß-

stromeinstellung erweist sich als unkritisch. Darüber hinaus sind die Betriebskosten gering, so daß die Wettbewerbsfähigkeit der neuen Methode gesichert erscheint.

Zukünftige Versuche haben zu klären, ob das Rollennahtschweißen von Weißblech unter Schutzgas allen praktischen Anforderungen gerecht wird und möglicherweise die Voraussetzung für einen vollautomatischen Schweißablauf erfüllt.

9. Literaturverzeichnis

[1] FRANK, G., Industrie-Anzeiger, Essen. Ausgabe Werkzeugmaschinen und Fertigungstechnik, Teil II »Spanlose Formung«, 67 (1962), S. 1645.

[2] KOHMANN und SANBORN, Tin-Iron-Alloy in Tin Plate. Ind. and Eng. Chem. 19 (1927), S. 514.

[3] MANTELL, C. L., und W. LIDLE, Zinn. Verlag W. Knapp, Halle a. d. Saale 1937.

[4] HOARE, W. E., Zinn und seine Verwendung. Zeitschrift des Tin Research Institute 58 (1963), S. 11.

[5] HOARE, W. E., und S. C. BRITTON, Tinplate Testing. Chemical and Physical Methods. Tin Research Institute, 1960.

[6] Metals Handbook 1948.

[7] JONES, W. D., und W. E. HOARE, Techn. Publ. of the International Tin Research and Development Council Series A, No. 3, 1934.

[8] HONIGL, H., Mikrochemie 6 (1928), S. 24.

FORSCHUNGSBERICHTE
DES LANDES NORDRHEIN-WESTFALEN

Herausgegeben im Auftrage des Ministerpräsidenten Dr. Franz Meyers
von Staatssekretär Prof. Dr. h. c. Dr.-Ing. E. h. Leo Brandt

EISENVERARBEITENDE INDUSTRIE

HEFT 39
*Forschungsgesellschaft Blechverarbeitung e. V., Düsseldorf
Aus den Arbeiten des Instituts für Werkzeugmaschinen
an der Technischen Hochschule Hannover*
Untersuchungen an prägegemusterten und vorgelochten Blechen
1953. 40 Seiten, 34 Abb. DM 9,50

HEFT 43
Forschungsgesellschaft Blechverarbeitung e. V., Düsseldorf
Forschungsergebnisse über das Beizen von Blechen
1953. 41 Seiten, 38 Abb., 3 Tabellen. Vergriffen

HEFT 51
Verein zur Förderung von Forschungs- und Entwicklungsarbeiten in der Werkzeugindustrie e. V., Remscheid
Untersuchungen an Kreissägeblättern für Holz, Fehler- und Spannungsprüfverfahren
1953. 39 Seiten, 23 Abb. DM 10,—

HEFT 56
Forschungsgesellschaft Blechverarbeitung e. V., Düsseldorf
Untersuchungen über einige Probleme der Behandlung von Blechoberflächen
1953. 41 Seiten, 42 Abb. DM 11,20

HEFT 60
Forschungsgesellschaft Blechverarbeitung e. V., Düsseldorf
Untersuchungen über das Spritzlackieren im elektrostatischen Hochspannungsfeld
1954. 82 Seiten, 53 Abb., 7 Tabellen. Vergriffen

HEFT 61
Verein zur Förderung von Forschungs- und Entwicklungsarbeiten in der Werkzeugindustrie e. V., Remscheid
Schwingungs- und Arbeitsverhalten von Kreissägeblättern für Holz I
1953. 43 Seiten, 31 Abb. DM 11,40

HEFT 65
Fachverband Schneidwarenindustrie, Solingen
Untersuchungen über das elektrolytische Polieren von Tafelmesserklingen aus rostfreiem Stahl
1954. 79 Seiten, zahlreiche Abb., 9 Tabellen. DM 17,35

HEFT 87
Gemeinschaftsausschuß Verzinken, Düsseldorf
Untersuchungen über Güte von Verzinkungen
1954. 56 Seiten, 56 Abb., 3 Tabellen. Vergriffen

HEFT 98
Fachverband Gesenkschmieden, Hagen
Die Arbeitsgenauigkeit beim Gesenkschmieden unter Hämmern
1954. 117 Seiten, 55 Abb., 9 Tabellen. DM 24,75

HEFT 116
Prof. Dr.-Ing. E. Siebel und Dr.-Ing. Helmut Weiss, Stuttgart
Untersuchungen an einigen Problemen des Tiefziehens — I. Teil
1955. 59 Seiten, 50 Abb., 6 Tabellen. DM 14,50

HEFT 117
*Dr.-Ing. H. Beißwänger, Stuttgart und
Dr.-Ing. S. Schwandt, Trier*
Untersuchungen an einigen Problemen des Tiefziehens — II. Teil
1954. 77 Seiten, 34 Abb., 8 Tabellen. DM 17,70

HEFT 150
*Prof. Dr.-Ing. Otto Kienzle und
Dipl.-Ing. F. Wilhelm Timmerbeil, Hannover*
Das Durchziehen enger Kragen an ebenen Fein- und Mittelblechen
1955. 39 Seiten, 20 Abb., 8 Tabellen. DM 11,30

HEFT 177
*Dipl.-Ing. Hans Stüdemann, Solingen und
Dr.-Ing. W. Müchler, Essen*
Entwicklung eines Verfahrens zur zahlenmäßigen Bestimmung der Schneideigenschaften von Messerklingen
1956. 92 Seiten, 68 Abb., 4 Tabellen. DM 22,20

HEFT 224
Dipl.-Ing. Hans Stüdemann und Ing. R. Beu, Forschungsinstitut für die Schneidwarenindustrie an der Fachschule für Metallgestaltung und Metalltechnik, Solingen
Verfahren zur Prüfung der Korrosionsbeständigkeit von Messerklingen aus rostfreiem Stahl
1956. 82 Seiten, 28 Abb. DM 16,90

HEFT 225
Dr.-Ing. Eginhard Barz, Remscheid
Der Spannungszustand von Gattersägeblättern
1956. 63 Seiten, 54 Abb. DM 16,50

HEFT 277
*Dr.-Ing. W. Müchler, Forschungsinstitut für Metallgestaltung und Metalltechnik, Solingen
Direktor: Dipl.-Ing. Hans Stüdemann*
Untersuchung und zahlenmäßige Bestimmung der Schneideigenschaften von Messern mit besonderer Berücksichtigung rostfreier Messerstähle
1956. 47 Seiten, 27 Abb., 5 Tabellen. DM 13,20

HEFT 283
*Prof. Dr. phil. Franz Wever und
Dr.-Ing. Werner Lueg, Max-Planck-Institut für Eisenforschung, Düsseldorf*
Warmstauchversuche zur Ermittlung der Formänderungsfestigkeit von Gesenkschmiede-Stählen
1956. 31 Seiten, 19 Abb. DM 9,90

HEFT 285
Prof. Dr.-Ing. Otto Kienzle, Dr.-Ing. Kurt Lange und Dipl.-Ing. Helmut Meinert, Institut für Werkzeugmaschinen und Umformtechnik der Technischen Hochschule Hannover
Einfluß der Oberfläche auf das Verschleißverhalten von Schmiedegesenken
1956. 50 Seiten, 29 Abb., 8 Tabellen. DM 14,60

HEFT 286
Dr.-Ing. Kurt Lange, Dipl.-Ing. Helmut Meinert, unter Mitarbeit von Dr.-Ing. Heinz Arend, Institut für Werkzeugmaschinen und Umformtechnik der Technischen Hochschule Hannover
Verschleißverhalten hartverchromter Schmiedegesenke
1956. 62 Seiten, 53 Abb., 6 Tabellen. DM 17,65

HEFT 321
*Prof. Dr. phil. Franz Wever und
Dr. phil. Wolfgang Wepner, Max-Planck-Institut für Eisenforschung, Düsseldorf*
Gleichzeitige Bestimmung kleiner Kohlenstoff- und Stickstoffgehalte im α-Eisen durch Dämpfungsmessung
1956. 17 Seiten, 4 Abb., 3 Tabellen. DM 6,80

HEFT 322
*Prof. Dr.-Ing. Franz Bollenrath und
Dipl.-Ing. Wilhelm Domke, Aachen*
Eigenspannungen in vergüteten, dickwandigen Stahlzylindern nach Oberflächenhärtung mit induktiver Erwärmung
1956. 17 Seiten, 9 Abb., 2 Tabellen. DM 6,90

HEFT 360
Dr.-Ing. Eginhard Barz, Remscheid
Fertigungsverfahren und Spannungsverlauf bei Kreissägeblättern für Holz
1957. 68 Seiten, 40 Abb. DM 17,—

HEFT 367
Dr. rer. nat. Dietrich Horstmann, Max-Planck-Institut für Eisenforschung und Gemeinschaftsausschuß Verzinken, Düsseldorf
Der Angriff eisengesättigter Zinkschmelzen auf kohlenstoff-, schwefel- und phosphorhaltiges Eisen
1957. 42 Seiten, 22 Abb., 6 Tabellen. DM 12,85

HEFT 375
Technischer Überwachungs-Verein e. V., Essen
Wanddickenmessungen mittels radioaktiver Strahlen und Zählrohrgerät
1958. 24 Seiten, 15 Abb. DM 9,55

HEFT 376
Technischer Überwachungs-Verein e. V., Essen
Wasserumlaufprobleme an Hochdruckkesseln
1958. 126 Seiten, 56 Abb., 8 Tabellen. DM 32,60

HEFT 377
Technischer Überwachungs-Verein e. V., Essen
Versuche an Wanderrostkesseln mit befeuchteter Verbrennungsluft
1958. 35 Seiten, 19 Abb., 2 Tabellen. DM 12,20

HEFT 395
Dipl.-Ing. Ludwig Hahn, Clausthal-Zellerfeld
Untersuchungen zur Frage des optimalen Bohrloch- und Patronendurchmessers
1957. 119 Seiten, 49 Abb., 19 Tabellen. DM 31,25

HEFT 445
Dr. Ing. Eginhard Barz, Remscheid
Fertigungs- und Prüfverfahren für Feilen
Vergriffen

HEFT 447
*Prof. Dr.-Ing. Franz Bollenrath, Aachen
Dr.-Ing. H. Füllenbach, Seesen und
Dipl.-Ing. J. Schumacher, Neubeckum*
Entwicklung rationell arbeitender Spritzkabinen
1958. 44 Seiten, 26 Abb. Vergriffen

HEFT 473
Prof. Dr. phil. Franz Wever, Dr.-Ing. Werner Lueg und Dipl.-Ing. Paul Funke jr., Max-Planck-Institut für Eisenforschung, Düsseldorf
Versuche an einer hydraulischen 25-t-Stangenziehbank
1957. 22 Seiten, 11 Abb. DM 8,95

HEFT 557
Dr.-Ing. Hans Schiffers, Dipl.-Ing. Dieter Ammann, Dipl.-Ing. Erich Brugger und Dipl.-Ing. Rudolf Dicke, Gießerei-Institut der Rhein.-Westf. Technischen Hochschule Aachen
Härtbarkeit von Gußeisen mit Lamellen- und Kugelgraphit in Abhängigkeit von Zusammensetzung und Gefüge
1958. 29 Seiten, 24 Abb., 1 Tabelle. DM 11,—

HEFT 630
Prof. Dr. phil. Walter Koch und
Dr. techn. Dipl.-Ing. Hanns Malissa, Max-Planck-Institut für Eisenforschung, Düsseldorf
Beiträge zur Spurenanalyse im Reinsteisen
1958. 25 Seiten, 8 Tabellen. DM 7,60

HEFT 639
Prof. Dr.-Ing. habil. Karl Krekeler,
Dr.-Ing. Heinz Peukert und Dipl.-Ing. Otto Schwarz, Institut für Kunststoffverarbeitung an der Rhein.-Westf. Technischen Hochschule Aachen
Auswertung der in- und ausländischen Literatur auf dem Gebiete des Metallklebens
1958. 152 Seiten. Vergriffen

HEFT 655
Dr. rer. pol. A. Theodor Wuppermann,
Prof. Dr.-Ing. M. Pfender und
Reg.-Rat Dipl.-Ing. E. Amedick, im Auftrage des Vereins Deutscher Eisenhüttenleute, Düsseldorf
Untersuchung des Einflusses von Oberflächenfehlern auf die Dauerhaltbarkeit von Kurbelwellen
1958. 48 Seiten, 101 Abb., 4 Tabellen. DM 10,—

HEFT 680
Prof. Dr. phil. Walter Koch,
Dr.-Ing. Angelika Schrader,
Dr.-Ing. habil. Alfred Krisch und
Dipl.-Phys. Helmut Rohde, Max-Planck-Institut für Eisenforschung, Düsseldorf
Änderungen im Gefügeaufbau austenitischer Chrom-Nickel-Stähle bei Zeitstandversuchen von mehrjähriger Dauer
1959. 37 Seiten, 23 Abb., 5 Tabellen. DM 12,20

HEFT 681
Prof. Dr.-Ing. Dr.-Ing. E. h. Hermann Schenk und Dr.-Ing. Werner Wenzel, Institut für Eisenhüttenwesen der Rhein.-Westf. Technischen Hochschule Aachen
Die Reduktion von Eisenerzen im Elektro-Fließbett
1959. 76 Seiten, 20 Abb., 12 Tabellen. DM 19,60

HEFT 693
Prof. Dr.-Ing. Otto Kienzle,
Dr.-Ing. Friedrich Wilhelm Timmerbeil und
Dr.-Ing. Thomas Jordan, Hannover
Einige Untersuchungen über das Schneiden von Blechen
1959. 55 Seiten, 54 Abb., 3 Tabellen. DM 17,40

HEFT 702
Prof. Dr. phil. Walter Koch und
Dipl.-Phys. Dr. rer. nat. Hans Lüdering, Max-Planck-Institut für Eisenforschung, Düsseldorf
Statistische Auswertung von Thomasroheisenproben guter und schlechter Verblasbarkeit
1959. 20 Seiten, 3 Abb., 3 Tabellen. DM 6,50

HEFT 703
Prof. Dr. phil. Walter Koch und
Dipl.-Phys. Dr. phil. Heinz Sundermann, Max-Planck-Institut für Eisenforschung, Düsseldorf
Isolierungstechnische Untersuchungen an Thomasroheisen
1959. 28 Seiten, 16 Abb., 1 Tabelle. DM 9,—

HEFT 705
Dr.-Ing. Karl Ernst Mayer, Dr.-Ing. Helmut Knüppel, Ing. Arthur Stumpf, Dortmund-Hörder-Hüttenunion AG., Dortmund, und Prof. Dr. phil. Walter Koch, Max-Planck-Institut für Eisenforschung, Düsseldorf
Wege zur automatischen Überwachung des Thomasverfahrens
1959. 56 Seiten, 20 Abb., 7 Tabellen. DM 14,80

HEFT 714
Prof. Dr.-Ing. Wilhelm Patterson, Gießerei-Institut der Rhein.-Westf. Technischen Hochschule Aachen
Wirkung einer Gasspülung auf den Magnesiumverbrauch bei der Herstellung von Gußeisen mit Kugelgraphit
1959. 44 Seiten, 35 Abb., 14 Tabellen. DM 13,40

HEFT 728
Dr.-Ing. Klaus Spies, Dortmund
Die Zwischenformen beim Gesenkschmieden und ihre Herstellung durch Formwalzen
1959. 113 Seiten, 61 Abb., 2 Tabellen. DM 29,60

HEFT 740
Dr. rer. nat. Dietrich Horstmann, Max-Planck-Institut für Eisenforschung und Gemeinschaftsausschuß Verzinken, Düsseldorf
Einfluß einiger Eisen- und Zinkbegleiter auf Größe und Art des Zinkangriffs auf Eisen
1959. 38 Seiten, 22 Abb., 1 Tabelle. DM 12,60

HEFT 741
Dipl.-Ing. Hans Stüdemann, Dipl.-Ing. Fritz Esselborn und Ing. Hermann Hartmann, Forschungsinstitut an der Fachschule für Metallgestaltung und Metalltechnik, Solingen
Untersuchungen zur Prüfung der Korrosionsbeständigkeit rostbeständiger Besteckbleche aus Chromstahl
1959. 31 Seiten, 30 Abb., 4 Tabellen. DM 10,30

HEFT 742
Dr.-Ing. Eginhard Barz, Verein zur Förderung von Forschungs- und Entwicklungsarbeiten in der Werkzeugindustrie e.V., Remscheid
Schneideigenschaften von schneidenden Zangen und Prüfverfahren
1959. 66 Seiten, 40 Abb., 4 Tabellen. DM 18,40

HEFT 757
Dr.-Ing. Angelika Schrader und
Dr.-Ing. habil. Alfred Krisch, Max-Planck-Institut für Eisenforschung, Düsseldorf
Mikroskopische Beobachtungen von Ausscheidungen in austenitischen und ferritischen Stählen nach dem Kriechversuch
1959. 21 Seiten, 22 Abb., 1 Tabelle. DM 8,60

HEFT 780
Prof. Dr. phil. Franz Wever, Dr.-Ing. Werner Lueg und Dr.-Ing. Paul Funke, Max-Planck-Institut für Eisenforschung, Düsseldorf
Untersuchung von Walzölen und Walzölemulsionen im Kaltwalzversuch
1959. 68 Seiten, 28 Abb., mehr. Tabellen. DM 18,50

HEFT 781
Verein zur Förderung von Forschungs- und Entwicklungsarbeiten in der Werkzeugindustrie e.V., Remscheid
Verformungseinflüsse bei der Feilenherstellung
1959. 65 Seiten, 39 Abb. DM 20,—

HEFT 840
Prof. Dr. phil. Franz Wever,
Dr.-Ing. Hans-Günter Müller und
Dr.-Ing. Paul Funke, Max-Planck-Institut für Eisenforschung, Düsseldorf
Versuchsmäßige und rechnerische Bestimmung von Walzkraft und Drehmoment unter Einwirkung von Bandzugspannungen beim Kaltwalzen von Bandstahl
1960. 36 Seiten, 12 Abb., 3 Tafeln. DM 10,90

HEFT 841
Dr. rer. nat. Hubert Blanck, Max-Planck-Institut für Eisenforschung, Düsseldorf
Untersuchungen zur Kinetik des Martensitzerfalls
1960. 33 Seiten, 11 Abb. DM 10,30

HEFT 848
Dipl.-Ing. Hans-Jochen Stöter, Institut für Werkzeugmaschinen und Umformtechnik der Technischen Hochschule Hannover
Untersuchung des Schmiedevorganges in Hammer und Presse, insbesondere hinsichtlich des Steigens
1960. 133 Seiten, 62 Abb., 8 Tabellen. DM 35,60

HEFT 889
Dr.-Ing. Werner Hufschmidt, Lehrstuhl für Heizung und Lüftung an der Rhein.-Westf. Technischen Hochschule Aachen
Die Eigenschaften von Rippenrohrluftkühlern im Arbeitsbereich der Klimaanlage
1960. 125 Seiten, 37 Abb. DM 33,30

HEFT 890
Dr.-Ing. Heinz Meyer, Institut für Werkzeugmaschinen und Umformtechnik, Technische Hochschule Hannover
Untersuchungen über den Umformvorgang in Waagerecht-Stauchmaschinen
1960. 75 Seiten, 61 Abb., 3 Tabellen. DM 21,90

HEFT 916
Dipl.-Ing. Hans-Joachim Crasemann, Forschungsstelle Blechbearbeitung am Institut für Werkzeugmaschinen und Umformtechnik der Technischen Hochschule Hannover
Direktor: Prof. Dr.-Ing. Dr.-Ing. E. h. Otto Kienzle
Der offene, kreuzende Scherschnitt an Blechen
1960. 138 Seiten, 66 Abb., 10 Tabellen. DM 40,70

HEFT 1000
Dipl.-Ing. Hartmut Tolkien, Institut für Werkzeugmaschinen und Umformtechnik der Technischen Hochschule Hannover
Direktor: Prof. Dr.-Ing. Dr.-Ing. E. h. Otto Kienzle
Schmierwirkungen in Schmiedegesenken
1961. 150 Seiten, 75 Abb., 2 Tabellen, 1 Anhang. DM 44,90

HEFT 1004
Dr.-Ing. Eginhard Barz, Verein zur Förderung von Forschungs- und Entwicklungsarbeiten in der Werkzeugindustrie e.V., Remscheid
Untersuchung von Schraubendrehern und Schraubenverbindungen
1961. 68 Seiten, 26 Abb., 12 Tabellen. DM 22,30

HEFT 1027
Dr.-Ing. Eginhard Barz, Verein zur Förderung von Forschungs- und Entwicklungsarbeiten in der Werkzeugindustrie e.V., Remscheid
Prüfung von Feilen
1961. 57 Seiten, 23 Abb., 7 Tabellen. DM 20,50

HEFT 1028
Dr.-Ing. Siegfried Stendorf, Verein zur Förderung von Forschungs- und Entwicklungsarbeiten in der Werkzeugindustrie e.V., Remscheid
Das Gleitstauchen von Schneidezähnen an Sägen für Holz
1961. 138 Seiten, 85 Abb., 9 Tabellen. DM 47,10

HEFT 1056
Dr.-Ing. Oskar Pawelski und Dr.-Ing. Werner Lueg †, Max-Planck-Institut für Eisenforschung, Düsseldorf
Der Spannungszustand beim Ziehen und Einstoßen von runden Stangen
1962. 106 Seiten, 35 Abb., 10 Tabellen. DM 33,60

HEFT 1089
Direktor Dipl.-Ing. Hans Stüdemann und
Dr.-Ing. Fritz Esselborn, Forschungsinstitut an der Fachschule für Metallgestaltung und Metalltechnik, Solingen
Untersuchungen über den Einfluß der Zusammensetzung und Gefügeausbildung auf das Härtungsverhalten des Stahles X 40 Cr 13
1962. 37 Seiten, 37 Abb., 8 Tabellen. DM 17,—

HEFT 1091
Dipl.-Ing. Kurt Buchmann, Forschungsgesellschaft Blechverarbeitung e.V., Düsseldorf
Beitrag zur Verschleißbeurteilung beim Schneiden von Stahlfeinblechen
1962. 126 Seiten, 77 Abb. DM 71,40

HEFT 1129
Prof. Dr.-Ing. Joseph Mathieu, Forschungsinstitut für Rationalisierung an der Rhein.-Westf. Technischen Hochschule, Aachen, im Auftrage des Fachverbandes Gesenkschmieden im Wirtschaftsverband Stahlverformung, Hagen
Richtwerte für eine Platzkostenrechnung in der Gesenkschmiedeindustrie
1963. 54 Seiten, 7 Tabellen, 52 Seiten tabellarischer Anhang. DM 63,30

HEFT 1140
Direktor Dipl.-Ing. Hans Stüdemann und Dipl.-Ing. Fritz Esselborn, Forschungsinstitut an der Fachschule für Metallgestaltung und Metalltechnik, Solingen
Einflüsse der Prüfbedingungen auf die Ergebnisse von Schneideigenschaftsprüfungen an Messern
1962. 33 Seiten, 24 Abb. DM 14,80

HEFT 1162
Prof. Dr.-Ing. Dr.-Ing. E. h. Otto Kienzle und Dipl.-Ing. Manfred Meyer, im Auftrage der Forschungsgesellschaft Blechverarbeitung e. V., Düsseldorf
Verfahren zur Erzielung glatter Schnittflächen beim vollkantigen Schneiden von Blech
1963. 114 Seiten, 71 Abb., 6 Tabellen. DM 60,40

HEFT 1164
Dr.-Ing. Eginhard Barz u. a., Verein zur Förderung von Forschungs- und Entwicklungsarbeiten in der Werkzeugindustrie e. V., Remscheid
Teil I: Arbeitsverhalten von scheibenförmigen Werkzeugen
Teil II: Schnittversuche von verleimten Holzwerkzeugen
1963. 90 Seiten, 16 Abb., 6 Tabellen. DM 44,80

HEFT 1171
Prof. Dr.-Ing., Dr.-Ing E. h. Otto Kienzle und Dipl.-Ing. Kurt Haverbeck, Hannover, im Auftrage der Forschungsgesellschaft Blechverarbeitung e.V., Düsseldorf
Das Herstellen von Außenborden an Blechteilen zwischen Stempel und Ring
1963. 96 Seiten, 58 Abb. DM 54,50

HEFT 1347
Dr. rer. nat. Dietrich Horstmann, Max-Planck-Institut für Eisenforschung und Gemeinschaftsausschuß Verzinken, Düsseldorf
Allgemeine Gesetzmäßigkeiten des Einflusses von Eisenbegleitern auf die Vorgänge beim Feuerverzinken
1964. 27 Seiten, 17 Abb. 2 Tabellen. DM 16,50

HEFT 1348
Prof. Dr.-Ing. Dr. h. c. Herwart Opitz, Dr.-Ing. Wilfried König und Dipl.-Ing. Wolf-Dieter Neumann, Laboratorium für Werkzeugmaschinen und Betriebslehre der Rhein.-Westf. Technischen Hochschule Aachen
Einfluß verschiedener Schmelzen auf die Zerspanbarkeit von Gesenkschmiedestücken
1964. 99 Seiten, 64 Abb., 12 Tabellen. DM 59,—

HEFT 1349
Dr.-Ing. Tin Ming Wu, Forschungsstelle Gesenkschmieden an der Technischen Hochschule Hannover
Untersuchungen über das Auftragsschweißen von Gesenken für Schmiedestücke aus Stahl
1964. 46 Seiten, 16 Abb., 14 Tabellen. DM 22,80

HEFT 1350
Prof. Dr. phil. Karl Löhberg, Dipl.-Ing. Klaus Röhrig und Dr.-Ing. Peter Sahm, Institut für Gießereikunde der Technischen Universität Berlin
Über die Keimbildung in unlegiertem Kupfer und unlegiertem Eisen
1964. 77 Seiten, 22 Abb., 6 Tabellen. DM 36,—

HEFT 1352
Direktor Dipl.-Ing. Hans Stüdemann und Dr.-Ing. Fritz Esselborn, Forschungsinstitut an der Fachschule für Metallgestaltung und Metalltechnik, Solingen
Die Ergebnisse von Schneideigenschaftsprüfungen an Messern unter Berücksichtigung des Einflusses der geometrischen Form des Messers und des Einflusses der Karbidverteilung und -größe im Werkstoff
1964. 39 Seiten, 48 Abb., 2 Tabellen. DM 21,—

HEFT 1353
Direktor Dipl.-Ing. Hans Stüdemann und Dr.-Ing. Fritz Esselborn, Forschungsinstitut an der Fachschule für Metallgestaltung und Metalltechnik, Solingen
Untersuchungen über den Einfluß unterschiedlicher Herstellungsverfahren auf die Qualität rostbeständiger Messer
1964. 48 Seiten, 53 Abb. DM 22,50

HEFT 1354
Direktor Dipl.-Ing. Hans Stüdemann und Dr.-Ing. Fritz Esselborn, Forschungsinstitut an der Fachschule für Metallgestaltung und Metalltechnik, Solingen
Untersuchungen über den Einfluß der Wärmebehandlung in Zusammenhang mit unterschiedlicher Herstellung auf die Eigenschaften von rostbeständigen Messern
1964. 33 Seiten, 42 Abb. DM 18,—

HEFT 1355
Dr.-Ing. habil. Alfred Krisch, Max-Planck-Institut für Eisenforschung, Düsseldorf
Kriechverhalten, Gefügeänderungen und Risse bei mehrjährigen Zeitstandversuchen
1964. 27 Seiten, 17 Abb., 6 Tabellen. DM 14,80

HEFT 1381
*Dr.-Ing. Heinz Meyer-Nolkemper, Forschungsstelle Gesenkschmieden an der Technischen Hochschule Hannover
Im Auftrage des Verbandes Gesenkschmieden im Wirtschaftsverband Stahlverformung, Hagen*
Dornen in Waagerecht-Stauchmaschinen
1964. 45 Seiten, 30 Abb., 2 Tabellen. DM 26,50

HEFT 1395
Prof. Dr. rer. techn. Fritz Reutter, Institut für Geometrie und Praktische Mathematik der Rhein.-Westf. Technischen Hochschule Aachen, Dr. rer. nat. Dieter Haupt, Rechenzentrum der Rhein.-Westf. Technischen Hochschule Aachen
Untersuchungen auf dem Gebiet der praktischen Mathematik
1964. 85 Seiten, 6 Abb., 10 Tabellen. DM 53,50

HEFT 1413
Dr. rer. nat. Dietrich Horstmann und Dipl.-Ing. Ulrich Krause, Max-Planck-Institut für Eisenforschung und Gemeinschaftsausschuß Verzinken, Düsseldorf
Einfluß von Oberflächenrauheit und Glühbehandlung auf die Güte verzinkter Bleche
1964. 22 Seiten, 9 Abb., 1 Tabelle. DM 14,—

HEFT 1421
Dr.-Ing. Hermann Füllenbach, Harry Lange, Harry Parthey und Iwan N. Stranski, Forschungsgesellschaft Blechverarbeitung e. V., Düsseldorf
Metallurgische und technologische Untersuchungen an Weichloten
1965. 69 Seiten, 53 Abb., 5 Tabellen. DM 33,—

HEFT 1462
Prof. Dr.-Ing. Dr.-Ing. E. h. Otto Kienzle und Dr.-Ing. Helmut Zabel, Forschungsstelle Gesenkschmieden an der Technischen Hochschule Hannover im Auftrage des Verbandes Deutscher Gesenkschmieden in Hagen
Zerteilen metallischer Stangen durch Abscheren
1965. 169 Seiten, 76 Abb., 4 Tabellen. DM 79,50

HEFT 1486
Dr. rer. nat. Dietrich Horstmann, Max-Planck-Institut für Eisenforschung, Düsseldorf, im Auftrage des Gemeinschaftsausschuß Verzinken, Düsseldorf
Der Einfluß des Blechwerkstoffes und der Verzinkungsbedingungen auf die Eigenschaften verzinkter Bleche und Bänder
1965. 33 Seiten, 14 Abb., 1 Tabelle. DM 18,80

HEFT 1504
Direktor Dipl.-Ing. Hans Stüdemann, Dipl.-Ing. Rolf Both und Ingenieur Ernst Lauterjung, Forschungsinstitut für Schneidwaren, Solingen
Entwicklung eines Prüfgerätes zur Messung des Schneidverhaltens feiner Messerschneiden, unter besonderer Berücksichtigung der Rasierklingen
1965. 43 Seiten, 48 Abb., 2 Tabellen. DM 25,80

HEFT 1534
Prof. Dr. phil. Adolf Rose, Max-Planck-Institut für Eisenforschung, Düsseldorf
Schweißbarkeit und Umwandlungsverhalten der Stähle *In Vorbereitung*

HEFT 1564
Prof. Dr.-Ing. Alfred H. Henning†, Prof. Dr.-Ing. habil. Karl Krekeler und Dipl.-Ing. Friedrich Mittrop, Institut für Kunststoffverarbeitung in Industrie und Handwerk der Rhein.-Westf. Technischen Hochschule Aachen, in Zusammenarbeit mit der Forschungsgesellschaft Blechverarbeitung e. V., Düsseldorf
Untersuchungen über die Kombination Metallkleben–Punktschweißen
1965. 31 Seiten, 20 Abb., 3 Tabellen. DM 19,80

HEFT 1577
Prof. Dr.-Ing. habil. Gerhard Oehler, Forschungsgesellschaft Blechverarbeitung e. V., Düsseldorf
Vergleich und Abgrenzung der Einsatzmöglichkeit der Abkantpressen, der Abkantmaschinen und der Profilwalzmaschinen für Biege-Profil-Formungen
In Vorbereitung

HEFT 1579
Direktor Dipl.-Ing. Hans Stüdemann, Dipl.-Ing. Hans Brundiek und Rudolf Grube, Forschungsinstitut für Schneidwaren, Solingen
Untersuchungen über den Einfluß der Zusammensetzung und Gefügeausbildungen auf das Anlaßverhalten des Stahles X 40 Cr 13
1965. 43 Seiten, 39 Abb., 1 Tabelle. DM 27,60

HEFT 1581
Prof. Dr.-Ing. habil. A. Matting und Dipl.-Ing. G. Wilkens, Hannover, in Zusammenarbeit mit der Forschungsgesellschaft Blechverarbeitung e. V., Düsseldorf
Rollnahtschweißen von Feinblechen verschiedener Beschaffenheit unter 0,5 mm mit besonderer Berücksichtigung verzinnter Bleche

HEFT 1598
Dr.-Ing. Hans Groebler, Dr. Julius Seeger und Dr. Carl Boller, Forschungsgesellschaft Blechverarbeitung e. V., Düsseldorf
Verschleißmessungen an Überzügen auf Metalloberflächen *In Vorbereitung*

HEFT 1599
Prof. Dr.-Ing. habil. A. Matting, Dr.-Ing. K. Ulmer und Ing. G. Hennig, Institut A für Werkstoffkunde der Technischen Hochschule Hannover, in Zusammenarbeit mit der Forschungsgesellschaft Blechverarbeitung e. V., Düsseldorf
Metallkleben *In Vorbereitung*

HEFT 1600
Prof. Dr.-Ing. habil. Adolf Dietzel, Würzburg, in Zusammenarbeit mit der Forschungsgesellschaft Blechverarbeitung e.V., Düsseldorf
Einfluß des Wasserdampfgehaltes der Ofenatmosphäre auf den Stahlblech-Emaillierprozeß

HEFT 1601
Prof. Dr.-Ing. Dr. h.c. Herwart Opitz, Dr.-Ing. Wilfried König und Dipl.-Ing. Wolf-Dieter Neumann, Laboratorium für Werkzeugmaschinen und Betriebslehre der Rhein.-Westf. Technischen Hochschule Aachen
Streuwertuntersuchungen der Zerspanbarkeit von Werkstücken aus verschiedenen Schmelzen des Stahles C 45   *In Vorbereitung*

HEFT 1607
Dr.-Ing. Eginhard Barz und Ing. Karl Oberwinter, Verein zur Förderung von Forschungs- und Entwicklungsarbeiten in der Werkzeugindustrie e.V., Remscheid
Zusammenwirken von Schraubenbetätigungswerkzeugen und Schrauben
Teil I
Untersuchung des zulässigen Größtspiels beim Anziehen von Sechskantschrauben mit Schraubenschlüsseln
TEIL II
Untersuchung der Anpassung von Schraubendrehern an Schlitzschrauben   *In Vorbereitung*

HEFT 1613
Prof. Dr.-Ing. habil. Gerhard Oehler, Forschungsgesellschaft Blechverarbeitung e.V., Düsseldorf
Vergleich zwischen kalt und warm umgeformter Böden   *In Vorbereitung*

HEFT 1614
Prof. Dr.-Ing. habil. Gerhard Oehler, Forschungsgesellschaft Blechverarbeitung e.V., Düsseldorf
Kräfte- und Leistungsermittlung an Rundbiegemaschinen   *In Vorbereitung*

HEFT 1625
Dipl.-Ing. Johannes Hoischen, Verein zur Förderung von Forschungs- und Entwicklungsarbeiten in der Werkzeugindustrie e.V., Remscheid
Belastbarkeit und Abformgenauigkeit der Stempel beim Kalteinsenken   *In Vorbereitung*

HEFT 1631
Dipl.-Ing. Heinz Peters, im Auftrage des Vereins zur Förderung von Forschungs- und Entwicklungsarbeiten in der Werkzeugindustrie e.V., Remscheid
Untersuchung von Kettenwerkzeugen auf die günstigste Gestaltung und Anordnung der Schneiden und Glieder
Teil I:
Entwicklung und Bau eines Versuchsstandes für die Untersuchung von Sägeketten   *In Vorbereitung*

HEFT 1632
Dr.-Ing. Eginhard Barz und Dipl.-Ing. Ulrich Niemann, im Auftrage des Vereins zur Förderung von Forschungs- und Entwicklungsarbeiten in der Werkzeugindustrie e.V., Remscheid
Untersuchungen an schneidenden Zangen
Teil I
Untersuchung der unterschiedlichen Schneidenabnutzung bei schneidenden Zangen, insbesondere bei Vornschneidern
Teil II
Prüfverfahren für Zangen mit mehrfacher Übersetzung, insbesondere für Bolzenschneider
In Vorbereitung

HEFT 1696
o. Prof. em. Dr.-Ing. Dr.-Ing. E. h. Otto Kienzle und Dr.-Ing. Harry Neumann, Institut für Werkzeugmaschinen und Umformtechnik der Technischen Hochschule Hannover
Methoden zur Bestimmung des elastischen Verhaltens von Pressen beliebiger Breite
In Vorbereitung

HEFT 1697
Dipl.-Ing. Herbert Littnanski, Deutsche Forschungsgesellschaft für Blechverarbeitung und Oberflächenbehandlung e.V., Düsseldorf
Hartlöten mit Silberloten   *In Vorbereitung*

HEFT 1698
Prof. Dr.-Ing. habil. Gerhard Oehler, Deutsche Forschungsgesellschaft für Blechverarbeitung und Oberflächenbehandlung e.V., Düsseldorf
Untersuchungen über das V-Biegen von Blechen
In Vorbereitung

Verzeichnisse der Forschungsberichte aus folgenden Gebieten können beim Verlag angefordert werden:
Acetylen/Schweißtechnik – Arbeitswissenschaft – Bau/Steine/Erden – Bergbau – Biologie – Chemie – Eisenverarbeitende Industrie – Elektrotechnik/Optik – Energiewirtschaft – Fahrzeugbau/Gasmotoren – Druck/Farbe/Papier/Photographie – Fertigung – Funktechnik/Astronomie – Gaswirtschaft – Holzbearbeitung – Hüttenwesen/Werkstoffkunde – Kunststoffe – Luftfahrt/Flugwissenschaften – Luftreinhaltung – Maschinenbau – Mathematik – Medizin/Pharmakologie/NE-Metalle – Physik – Rationalisierung – Schall/Ultraschall – Schiffahrt – Textilforschung – Turbinen – Verkehr – Wirtschaftswissenschaften.

WESTDEUTSCHER VERLAG · KÖLN UND OPLADEN
567 Opladen/Rhld., Ophovener Straße 1–3

MIX
Papier aus verantwortungsvollen Quellen
Paper from responsible sources
FSC® C105338

If you have any concerns about our products,
you can contact us on
ProductSafety@springernature.com

In case Publisher is established outside the EU,
the EU authorized representative is:
**Springer Nature Customer Service Center GmbH
Europaplatz 3, 69115 Heidelberg, Germany**

Printed by Libri Plureos GmbH
in Hamburg, Germany